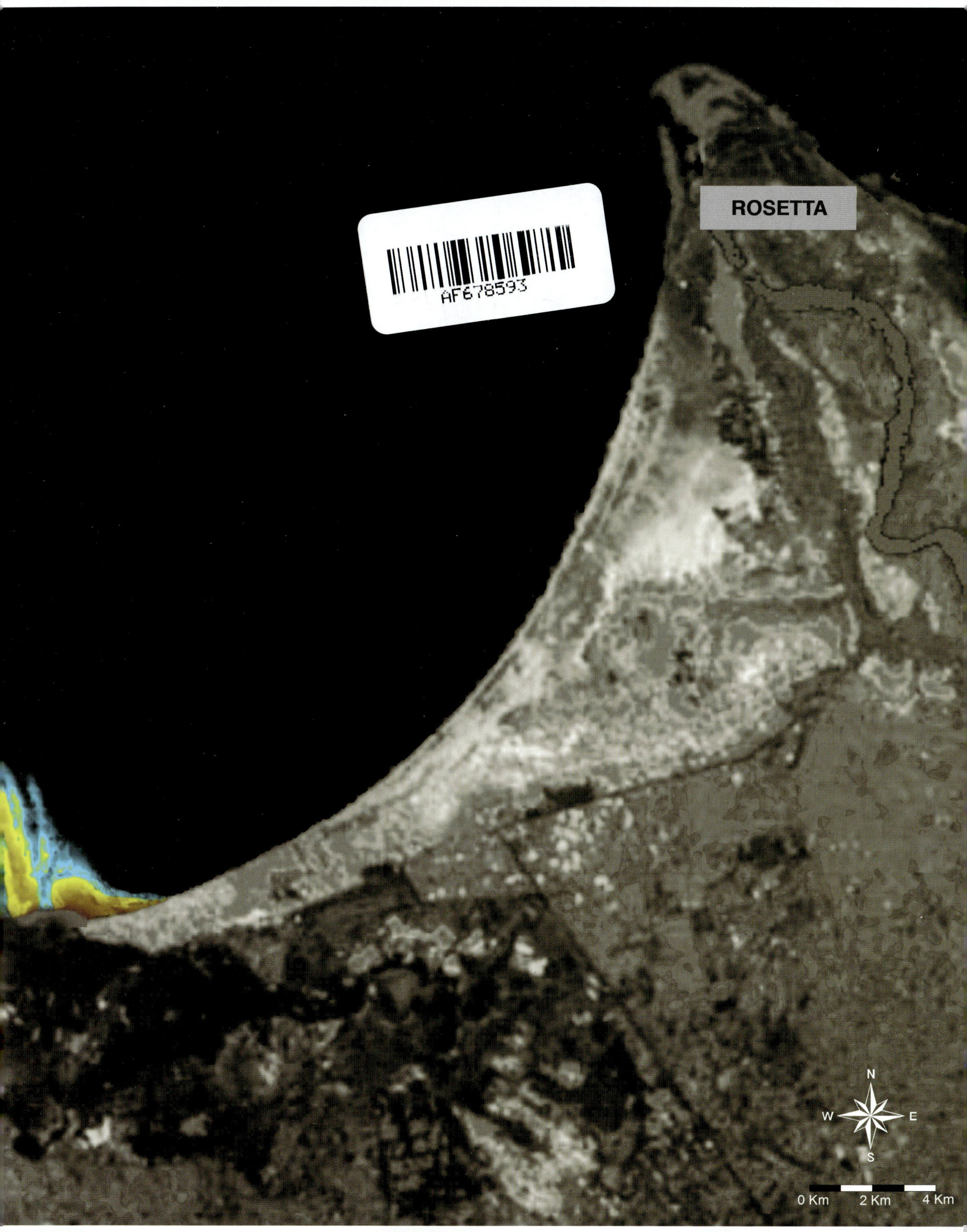
ROSETTA
N
W
E
S
0 Km
2 Km
4 Km

The Underwater Archaeology
in the Canopic Region in Egypt

La stèle de Ptolémée VIII Évergète II à Héracléion

par Christophe Thiers

Oxford Centre for Maritime Archaeology: Monograph 4
Institute of Archaeology, University of Oxford
2009

Published by the
Oxford Centre for Maritime Archaeology,
Institute of Archaeology,
36 Beaumont Street, Oxford OX1 2PG

ISBN 978-1-905905-05-8

HILTI FOUNDATION

The missions of the European Institute for Under Water Archaeology in Egypt have been supported since 1996 by the Hilti Foundation and have been undertaken in cooperation with the Supreme Council of Antiquities, Egypt, under the General Secretary Prof. Dr. Zahi Hawass.

Designed and produced by Production Line
Printed in Great Britain by Information Press, Eynsham, Oxford.

À la mémoire de Monsieur le Professeur Jean Yoyotte

« Il y avait sur le rivage un temple d'Héraclès, qui existe toujours... »

Hérodote, *L'Enquête* 2.113.

Sommaire

Figures

Planches

Remerciements

Ce m'est un agréable devoir de remercier Franck Goddio, directeur de l'IEASM, qui m'a confié l'étude et la publication de cette stèle monumentale découverte par son équipe en 2001, sur le site immergé d'Héracléion. Lors de mes courts passages à Alexandrie, j'ai pu bénéficier des meilleures conditions de travail au sein de l'équipe « terrestre », en particulier grâce à l'accueil toujours bienveillant de Bernard Camier et de Catherine Grataloup.

Qu'il me soit également permis de remercier mes amis Michel Chauveau, Ivan Guermeur et Lilian Postel pour l'acribie de leur relecture et les précieuses remarques qu'ils m'ont transmises. Je sais gré à Jean-Yves Carrez-Maratray d'avoir bien voulu examiner ma copie des quelques lettres grecques conservées sur la stèle.

Enfin, si cette étude a été possible, c'est avant tout grâce à la générosité scientifique du Professeur Jean Yoyotte, à ses inestimables conseils et relectures tout au long de la mise au point du manuscrit. En charge de l'étude de la documentation tirée des fonds de la baie d'Abouqir, il m'a présenté les premiers clichés de cette stèle en me proposant d'en préparer l'étude ; ces photographies auguraient autant des difficultés du travail à venir que des perspectives historiques que ce nouveau document était en mesure de fournir. Qu'il veuille croire combien je le remercie de la confiance qu'il me témoignât et que le lecteur considère les quelques pages qui suivent comme un humble hommage à son immense érudition.

Christophe Thiers
UMR 5140 « Archéologie des sociétés méditerranéennes »
CNRS-Université Paul Valéry Montpellier III

Introduction

par Franck Goddio

La découverte de la stèle monumentale

La stèle monumentale de Ptolémée VIII Évergète II (Pl. I-V) a été découverte au Nord du « Grand Canal » bordant le temple d'Amon de gereb (Fig. 1)[1]. Seize fragments de taille très variable de la

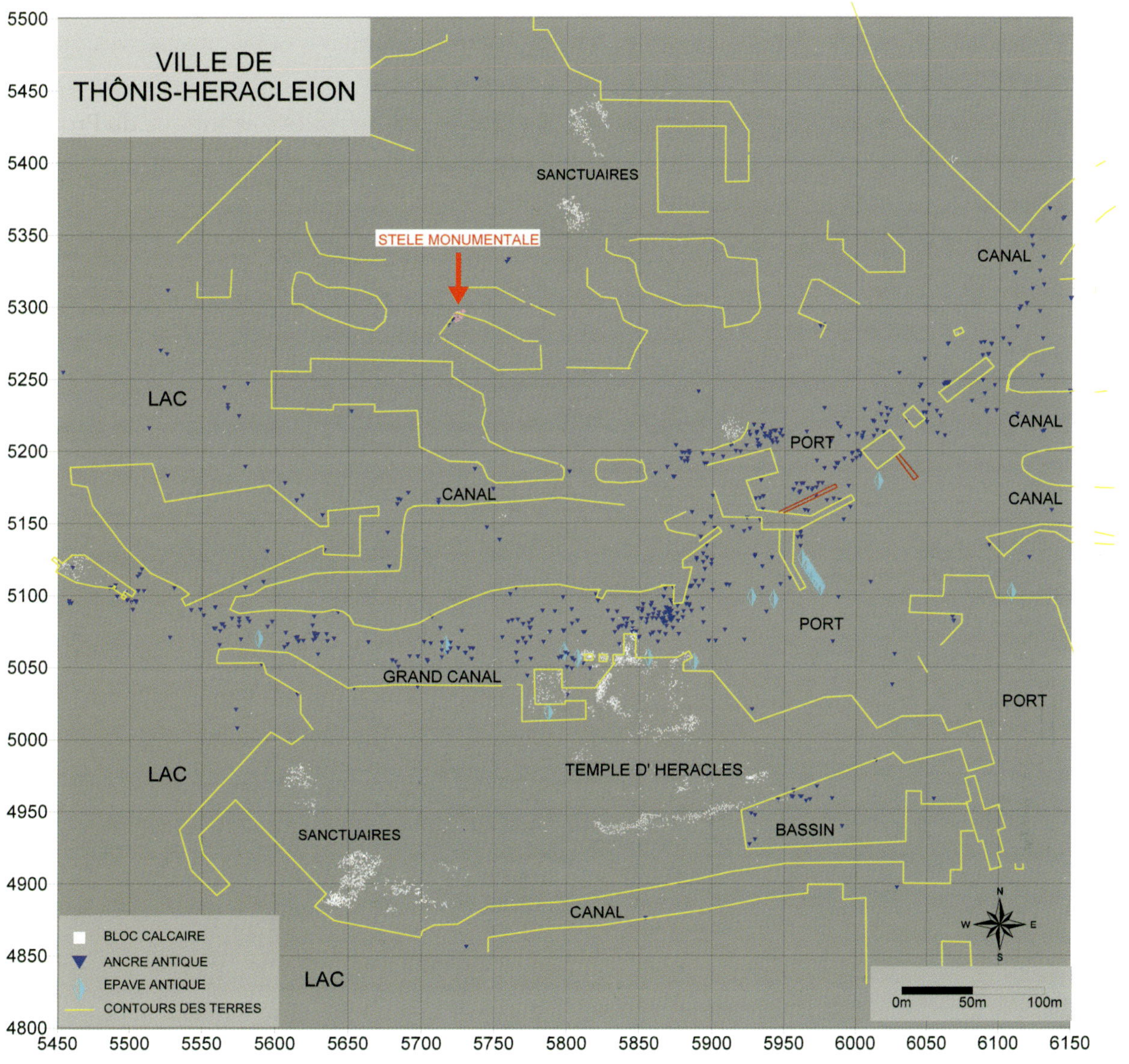

Figure 1 Situation du site de découverte de la stèle sur un plan de la ville d'Héracléion.

Note

1. Goddio 2007, 118.

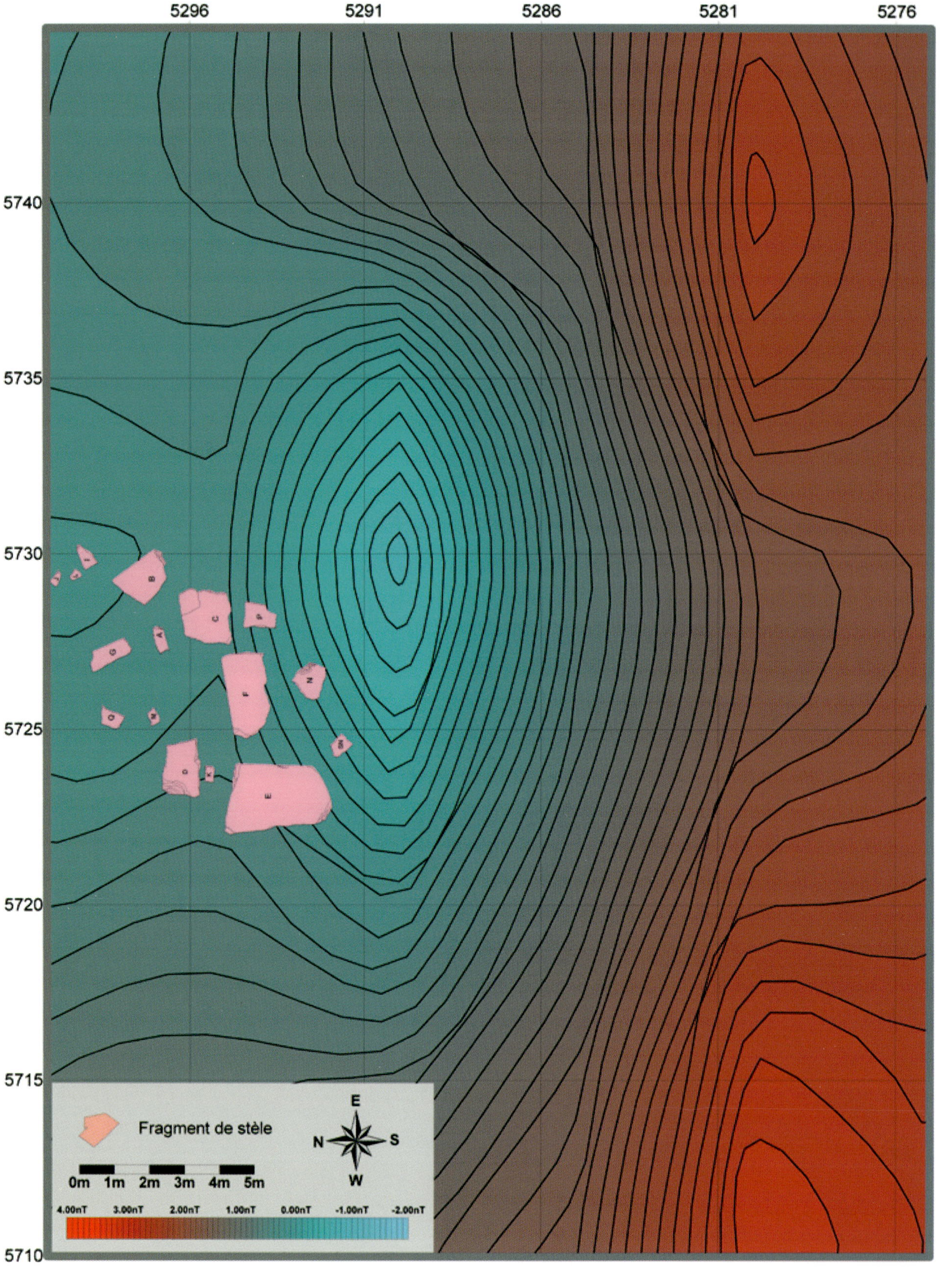

Figure 2 Situation des fragments découverts par rapport à l'anomalie magnétique.

Figure 3 Le fragment E *in situ* après dégagement et premier nettoyage. ©*Franck Goddio/Hilti Foundation, photo: Christoph Gerigk.*

stèle ont en effet été mis au jour lors d'une prospection faite le 2 mai 2001, visant à caractériser une anomalie magnétique remarquable localisée à 270 m au 335° de l'angle Nord-Ouest du grand sanctuaire. Leur face supérieure affleurait à moins de 10 cm de la surface d'un sédiment hétérogène constitué de sable coquillé grossier mêlé à de très nombreux morceaux de calcaire érodés –vraisemblablement des vestiges de dallage– ainsi qu'à des éclats de gneiss provenant sans aucun doute du même monument. Les parties les plus lourdes se trouvaient à environ 4 m de la zone de plus fort gradient magnétique (Fig. 2).

Les fragments étaient recouverts d'une épaisse couche de concrétion formée sur sa surface de lamellibranches vivants et morts. Dessous se trouvait une strate très homogène de dépôts d'algues calcaires d'une extrême dureté et d'une épaisseur atteignant par endroits 10 cm. Un premier nettoyage mécanique effectué sous l'eau a fait apparaître des inscriptions sur certains blocs. Ces derniers se trouvaient face gravée vers la surface. Leur face inférieure reposait sur une couche de 15 cm de sable fin, homogène, de couleur gris foncé, recouvrant une argile plastique très compacte (Fig. 3).

La presque totalité des fragments –16 (A, C, D, E, F, G, H, I, J, K, L, M, N, P, Q, SN) sur les 17 retrouvés à ce jour– était ainsi regroupée sur une surface de moins de 60 m^2. Les 17 fragments représentent une surface totale d'environ 18 m^2 alors que la surface initiale du monument était d'environ 19 m^2 (Fig. 4). Peu enfoui dans le sédiment, un fragment supplémentaire (X) de petite taille a ensuite été retrouvé en 2002 à plus de 150 m vers le Sud Ouest de ce site. Il est à remarquer à

Figure 4 La stèle recomposée avec les fragments retrouvés. L'élément SN étant un éclat sans position certaine, n'a pas été fixé à l'ensemble. ©*Franck Goddio/Hilti Foundation, photo: Christoph Gerigk.*

son sujet que de nombreux exemples de dispersion d'artefacts dus à des chalutages récents ont été constatés sur le site d'Héracléion[2]. Une telle éventualité expliquerait la position éloignée de ce bloc ainsi que son faible enfouissement.

Les fouilles

Lors du dégagement du monument, des fragments de céramique très usés, principalement d'amphores, furent mis au jour parmi les nombreux éléments érodés de calcaire. Ces tessons n'étaient manifestement pas *in situ* et avaient été apportés par les vagues. L'importante masse des blocs a agi comme un barrage qui a, au cours des siècles, retenu ces tessons errants (essentiellement d'époque ptolémaïque, pour ceux qui étaient identifiables).

Quelques artefacts remarquables ont été découverts à proximité des fragments de la stèle :

- Un fragment de statue colossale (SCA 6900) de marbre blanc très érodé. On peut distinguer, sur la face tournée vers le sol, un poing (gauche) refermé plaqué contre une cuisse habillée d'un pagne *shendjyt*. La statue– probablement de pharaon– dotée d'un pilier dorsal à laquelle ce fragment appartenait devait, à l'origine, mesurer plus de 4 mètres de haut.
- Plusieurs monnaies de bronze[3]:
  - SCA 8047 : 1,94 g, Axe 0°, D1. 250 mm, D2. 200 mm, avers : tête de Zeus-Amon ; revers : statue d'Aphrodite ? ; Ptolémée II ;
  - SCA 8048 : 2,14 g, Axe 30° ; ptolémaïque ;
  - SCA 8050 : 2,28 g ; non identifiable ;
  - SCA 10119 : D1. 280 mm, avers : tête ; revers : aigle ; Ptolémée II.
- Un manche de louche à libation, en bronze, terminé par une tête de volatile aquatique (SCA 6850).
- Deux amulettes de plomb, l'une en forme d'ancre, l'autre représentant une petite cruche (SCA 10116, 10117).
- Un fragment de bijou constitué de fils d'or torsadés (SCA 8019).
- Deux ancres antiques en calcaire (HXX 8030 ; HXX 8078).
- Une concentration orientée Est-Ouest, d'une dizaine de blocs de granite rose située à environ 7 m vers le Sud-Sud Est des fragments de la stèle. Ils émergent en partie du sédiment et sont représentés par des bosses sur la carte bathymétrique (Fig. 5).

Après une prospection systématique, tous les éléments de même matière ont été méticuleusement positionnés puis remontés à la surface (Fig. 6). Pour cette tâche une barge de 60 m de long disposant sur son pont d'une grue pouvant soulever 50 tonnes fut mobilisée (en mer, la houle ou les vagues, même assez petites, peuvent causer des accélérations pouvant multiplier par quatre le poids d'un objet). Des ballons gonflés à l'air –parachutes– permirent la manipulation sous l'eau et le regroupement des fragments sous la barge. Ceux ci furent ensuite élingués par des courroies –afin de ne pas détériorer la pierre– pour être grutés à la surface. Sur le pont de la barge, ils ont été soumis à un nettoyage complémentaire. Un premier assemblage de la stèle a ensuite été réalisé (Fig. 8) et un estam-

Notes

2. Goddio 2007, 27-28.
3. Identifications effectuées par le Pr. A. Meadows.

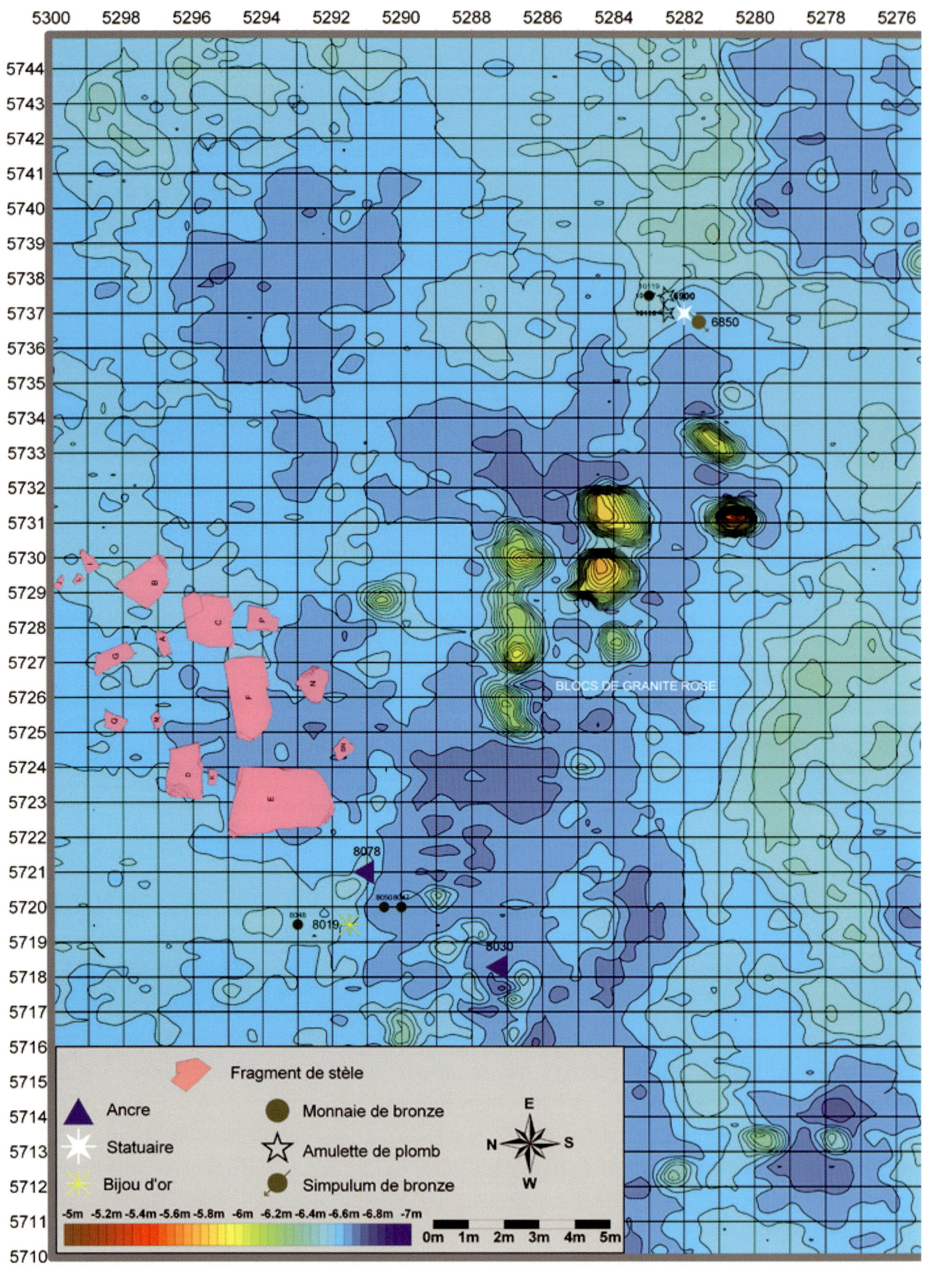

Figure 5 Les positions de divers éléments trouvés pendant la fouille sur fond de carte bathymétrique.

Figure 6 Le levage du fragment E à partir de la barge.
©Franck Goddio/Hilti Foundation, photos: Christoph Gerigk.

page de silicone de chaque fragment a été effectué afin de faciliter la lecture des inscriptions (Fig. 7).

Remarques induites par le résultat des fouilles

Les observations collectées durant la fouille du site de la stèle semblent indiquer que le monument n'a pas été déplacé après sa chute. De fait, dans l'éventualité d'un réemploi des fragments de la stèle, il semble peu probable que l'on ait également pris le soin de transporter les petits éléments et les éclats de pierre présents sur le site et appartenant au monument et que les blocs aient été déposés de manière à ce que toutes les inscriptions soient orientées vers le haut. Aucune partie ne présente par ailleurs de traces de débitage à fin de réemploi. Le contexte homogène des artefacts mis au jour à proximité du monument corrobore également l'hypothèse d'un monument écroulé et brisé, voire abattu, *in situ*.

Figure 7 Estampage de silicone du fragment E et assemblage des fragments de la stèle sur le pont de la barge. *©Franck Goddio/Hilti Foundation, photo: Christoph Gerigk.*

Figure 8 La stèle recomposée de façon provisoire sur la barge en présence des trois statues colossales de granite rose du temple d'Amon de gereb. *©Franck Goddio/Hilti Foundation, photo: Christoph Gerigk.*

La présence de deux ancres à proximité des fragments de la stèle pourrait suggérer que le monument est tombé, vers le Nord, dans un canal bordant le site où il était érigé. Cette hypothèse semble vérifiée par le fait que les fragments reposaient sur une couche de sable fin homogène et sombre, caractéristique, à Héracléion, des zones de fond de canaux et de bassins portuaires. La stèle se serait alors rompue en tombant à plat, les fragments auraient glissé dans un canal sur des distances et avec des orientations différentes. En revanche, au Sud des fragments, les terrains présentent les caractéristiques des terres anciennement émergées. Il est tout à fait vraisemblable que les blocs de granite rose, localisés à environ 7 m vers le Sud-Sud Est, soient les vestiges d'une base dans laquelle le monument aurait été enchâssé. Si l'on retient cette hypothèse, le monument aurait été disposé de telle sorte qu'il faisait face soit au Nord, soit plus probablement au Sud.

Gisant face inscrite vers le haut, l'érosion marine a malheureusement mis à mal la surface de la pierre et altéré ce message du passé. Des fouilles complémentaires apporteront peut-être des éléments nouveaux sur ce site.

Caractéristiques techniques de la stèle

par Luc Tamborero[4]

Cette stèle fut réalisée avec un soin remarquable ; c'est au cours du réassemblage que la précision technique de l' œuvre a pu être évaluée.

La pierre que les égyptiens ont choisi pour réaliser ce monument présente les caractéristiques d'un gneiss, c'est-à-dire une pierre métamorphique extraite près d'une bulle de granite. Sa composition est un mélange entre les composants du granite (quartz, mica et feldspath) et les roches présentes autour de la bulle de granite. La stèle est en outre traversée par une large veine de granite rose. L'hétérogénéité de la matière ne permet pas de lui définir précisément une masse, le poids par décimètre cube devant osciller entre 2,6 et 2,9 kg. Le poids total du monolithe était donc d'environ 17 tonnes.

Les dimensions originales de la stèle suivant les mesures effectuées sur l'artefact étaient de 314 cm de large pour 617 cm de hauteur pour une épaisseur de 38 cm.

En partie basse, des surépaisseurs de 3 à 4 cm apparaissent sur les deux faces latérales et à l'arrière. Elles sont décalées de l'ensemble de la stèle : nous pensons qu'il s'agit de la partie enterrée qui permettait de maintenir le monolithe en place, enchâssé d'environ 130 cm dans le sol ; ceci conduit à estimer la partie visible de la stèle à 487 cm.

L'étude du tracé de la stèle à partir de la coudée ptolémaïque permet de considérer que la partie visible était haute de 9 coudées et large de 6 coudées, soit 471,6 cm par 314,4 cm (Fig. 9).

Toujours à partir de la coudée ptolémaïque, il convient de faire quelques observations sur la zone gravée ; la partie enterrée ne semble en effet pas prise en compte, car elle mesure entre deux et trois coudées. En revanche, la partie visible est très précisément taillée et tracée sur une grille de coudées entières : le cintre mesure 2 coudées de haut et le texte en compte 7.

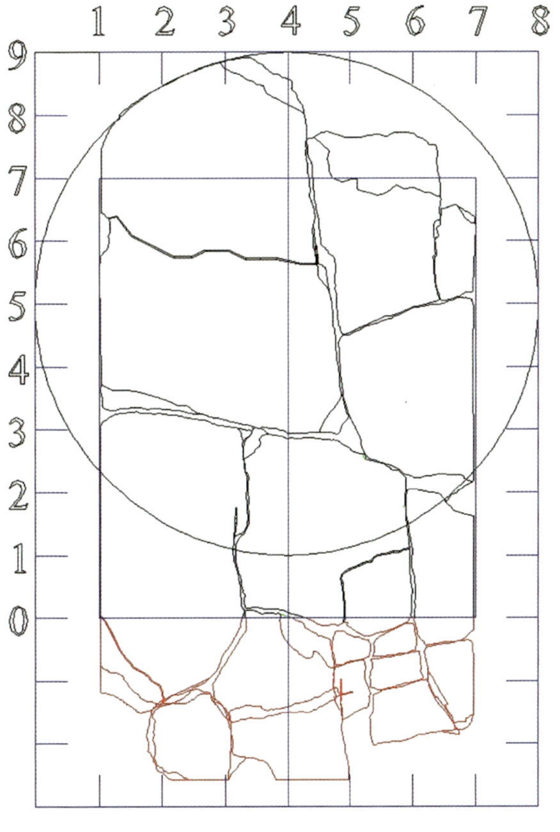

Figure 9 Tracé de la stèle selon la coudée ptolémaïque.

Note

4. Tailleur de Pierre, Chercheur associé au laboratoire G.S.A. école Paris Malaquais, France ; diplômé de l'EHESS (dir. J. Dhombres).

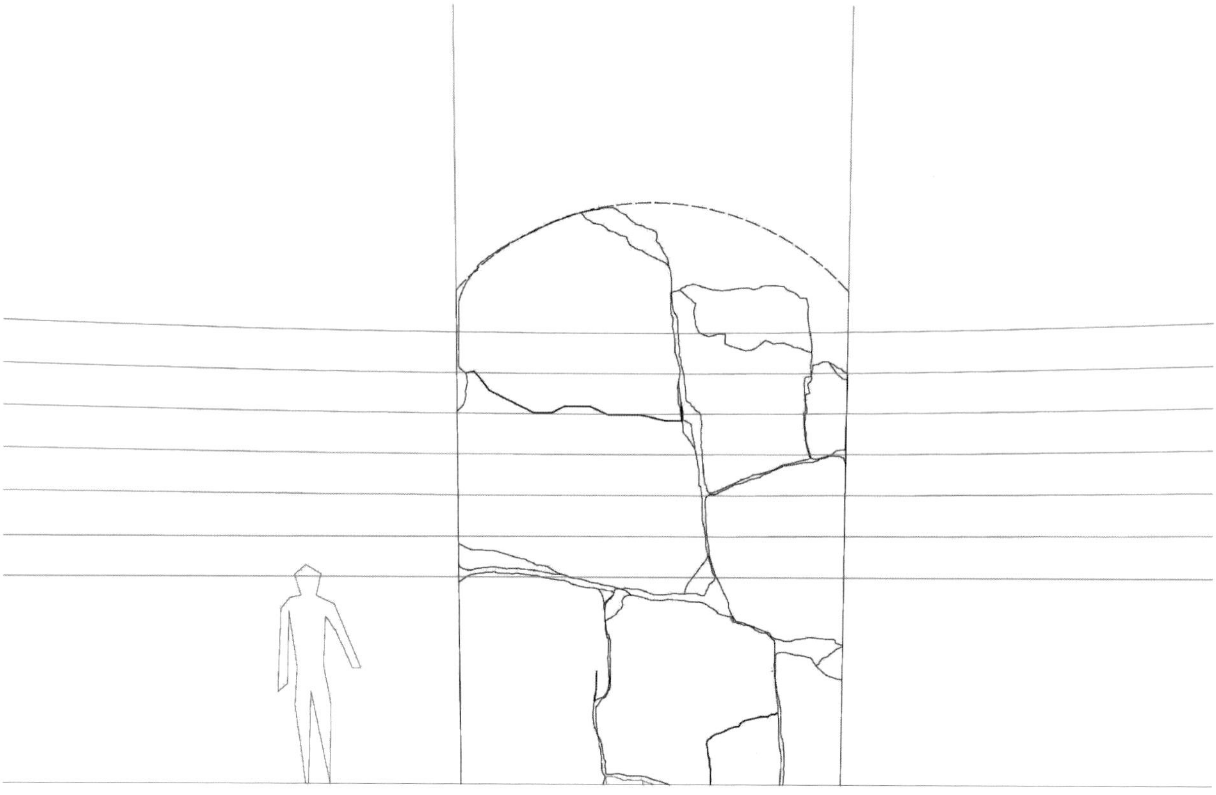

Figure 10 Tracé des déformations optiques de la stèle.

La stèle est taillée avec un soin exceptionnel : la face inscrite est plane avec une précision de 5 mm, ce qui est particulièrement remarquable pour une surface aussi grande. Toutes les autres faces sont également travaillées avec une extrême précision, ce qui permet de supposer que la stèle était visible de toutes parts, le chanfrein à l'arrière des faces latérales permettant d'en affiner visuellement le profil.

La perspective en vue de face est minutieusement contrôlée grâce à la rectification des effets d'optique (Fig. 10).

Les côtés de la stèle sont taillés avec un rétrécissement qui permettait de renforcer son aspect colossal. Contrairement aux méthodes optiques courantes qui accentuent l'élancement d'un ouvrage en s'amincissant vers le haut (p. ex. le renflement des colonnes dans les temples grecs), la stèle s'élargit de 2,5 cm de chaque côté.

Les travaux d'optique sont aussi remarquables sur l'écriture : les lignes du texte hiéroglyphique sont courbées dans leur horizontalité dans la partie haute, ce qui rectifie les déformations dues à la parallaxe et donne à l'observateur l'impression de lire un texte parfaitement horizontal.

« Pourquoi, rompant le somme où veillent mes pensées, me harceler, toi qui veux pénétrer mon secret, sous prétexte que je suis provocante et n'ai pas l'aspect simple qui satisfait les usages ? »

IMétriques, n° 108 (trad. É. Bernand)

« Scholars should not shrink from translating difficult texts. At the best they may be lucky to hit on the right rendering. At the worst they will have given the critics a target to tilt at ».

A. Gardiner, *JEA* 32, 1946, p. 56.

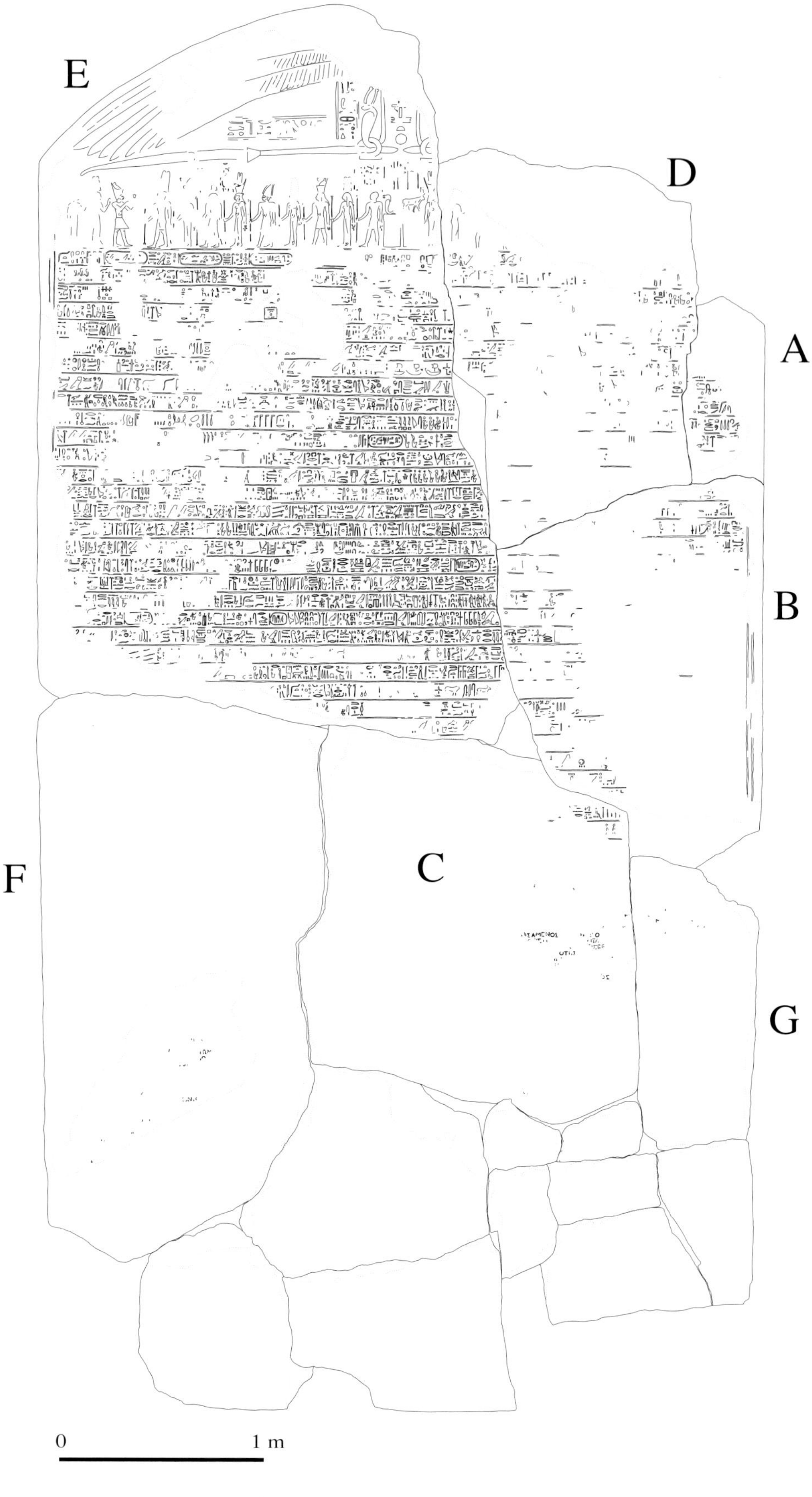

Figure 11 Fac-similé de la stèle.

1. Présentation de la stèle

1.1. État de la pierre et établissement du texte

Découverte en 2001 sur le site immergé de la ville de Thônis-Héracléion[5], cette stèle mesurait à l'origine 6,17 m de haut sur 3,14 m de large[6], l'épaisseur variant entre 0,20 / 0,23 m sur les côtés et 0,38 m dans la partie centrale, pour un poids estimé à 17 tonnes. Elle nous est parvenue en dix sept fragments, dont cinq constituent la presque totalité du monument ; le bloc le plus imposant (E) représente environ les deux tiers de la surface primitivement inscrite. La partie supérieure droite du cintre est aujourd'hui perdue. La partie basse est extrêmement détériorée, les fragments étant les plus petits et les moins bien conservés. À l'évidence, il faut considérer qu'une zone occupant la partie inférieure était anépigraphe, permettant ainsi d'enterrer le monolithe dans le sol (ou de l'encastrer dans un dallage ou une base) pour en assurer l'équilibre ; à en juger par les dernières traces de lettres appartenant au texte grec, cette zone anépigraphe occupait environ 1,15/1,20 m à la base de la stèle.

Comme l'a noté plus haut Luc Tamborero, cette dalle de gneiss est veinée de granite rose, dont une strate de 0,5 à 1 cm d'épaisseur occupe une partie de la surface. Cette fine couche de granite, à la fois fragilisée par la gravure des textes et par un séjour prolongé dans l'eau de mer, a subi un processus de desquamation à l'origine de la perte de parties importantes du document. Le texte grec qui occupait la partie inférieure a disparu en quasi totalité aujourd'hui, à l'exception de rares lettres ; le texte hiéroglyphique a lui aussi été largement endommagé mais constitue le seul recours pour tenter d'apprécier la teneur de ce document exceptionnel.

Les fragments les plus importants qui constituaient cette stèle sont identifiés par les lettres suivantes (L x l x h), distinctes de l'ordre de découverte établi par les fouilleurs (Fig. 11):

A = inv. H-1111 (0,90 x 0,34 x 0,32 m)
B = inv. H-1110 (1,60 x 1 x 0,60 m)
C = inv. H-1105 (1,30 x 1,30 x 0,38 m)
D = inv. H-1114 (1,80 x 1,15 x 0,38 m)
E = inv. H-1101 (3,06 x 1,75 x 0,38 m)
F = inv. H-1103 (2,40 x 1,20 x 0,38 m)
G = inv. H-1113 (1,30 x 0,50 x 0,33 m)

Dans de telles conditions de conservation du monument, l'établissement du texte constitue la difficulté majeure. C'est en premier lieu à partir des moulages en silicone effectués dès la découverte

Notes

5. Yoyotte 2004, 38-40 (doc. 15) ; Thiers dans Goddio, Clauss (éd.) 2006, 182-185 et 421 (119). Pour la restauration du monument, L. Tamborero, *supra*, et dans Goddio, Clauss (éd.) 2006, 399-400.
6. Selon un rapport fréquent de 1:2 (largeur / hauteur) ; en dernier lieu, Postel, Régen 2005, 281-282.

de la stèle[7] que ce travail a pu être initié. Entreposées à Paris, ces membranes silicones (Pl. VI-VIII) ont pu être examinées grâce à l'obligeance du Professeur Jean Yoyotte qui a accepté de les conserver dans son bureau du Collège de France le temps d'un premier établissement du texte. L'étude a ainsi débuté, avec des recours aux photographies de détails (de ces mêmes estampages et de la pierre) effectuées par Christophe Gerigk et une première version normalisée du texte a été réalisée par Vincent Razanajao. Par la suite, le monument a pu être étudié en lumière rasante à Alexandrie lors d'une mission effectuée en mai 2005 ; un fac-similé sur film plastique à l'échelle 1:1 a alors été réalisé, scanné et digitalisé. Un dernier examen des moulages, hébergés cette fois-ci dans le bureau parisien de Sophie Lalbat, a permis d'améliorer quelques lectures, de collationner le texte et d'en présenter une nouvelle version normalisée. Dans l'état de destruction de la pierre, il n'a pas été possible de relever avec précision les limites des trop nombreuses lacunes qui auraient autorisé un éventuel travail de restitution.

En conséquence, ce texte nécessitera de nouvelles révisions pour espérer en apprécier toute la portée et d'autres interprétations pourront peut-être alors être proposées, éliminant çà et là les nombreux points d'interrogation qui émaillent la traduction proposée. Je soumets donc cette étude préliminaire, quoique encore imparfaite, et les premières réflexions que suscite la lecture de ce document hors du commun, à la sagacité des égyptologues et des spécialistes de l'histoire hellénistique.

1.2. Datation

Avant de présenter dans le détail la nature et le contenu de cette stèle monumentale, il est nécessaire de donner des précisions quant à sa date de rédaction. Ces repères chronologiques seront d'un intérêt tout particulier lors de l'analyse de différents problèmes posés, tant par l'iconographie du cintre que par le contenu du récit.

Ce monument date du règne conjoint de Ptolémée Évergète II et de ses deux épouses, Cléopâtre II, sa sœur, et Cléopâtre III, sa nièce. La présence des trois dieux Évergètes officiant dans le cintre et mentionnés à la ligne 1 du texte date la rédaction de la stèle des années 141/140[8]-131 ou 124-116, deux périodes qui ont vu régner conjointement le roi et ses deux épouses[9]. En outre, la représentation (C5) de Ptolémée Néos Philopatôr (= Memphitès), fils d'Évergète II et de Cléopâtre II[10], est un élément permettant d'affiner la datation[11]. Après son assassinat en 130, la divinisation du jeune Memphitès devait en effet sceller la grande réconciliation au sein de la famille régnante en 118. La stèle a donc été gravée après la rédaction des décrets d'amnistie (28 avril 118) ; la mention la plus ancienne du dieu Néos Philopatôr est postérieure d'un mois à l'édit d'amnistie[12]. On pourrait donc

Notes

7. Sur l'emploi de cette technique, Brocot, dans Bernand, Goddio 2002, 52-59.
8. Le mariage en secondes noces avec Cléopâtre III est célébré entre le 8 mai 141 et le 14 janvier 140 ; Huß 2001, 606 et n. 67.
9. Pour l'histoire du règne, *ibid.*, 596-625 ; Hölbl 2001, 194-204.
10. Chauveau 1990, 153-156 (et 1991b) ; 2000, 257-261.
11. Minas 2000, 33-37
12. La mention la plus ancienne du dieu Néos Philopatôr date du 22 mai 118 (*p.dém.Berlin* 3101) et le décret d'amnistie est daté du 28 avril 118 ; Chauveau 1990, 154 et n. 70 ; Hölbl 2001, 202-203 ; Huß 2001, 624 et n. 241.

envisager que le texte a été rédigé dans ce contexte des *philanthrôpa*[13] d'avril 118, ce qui donnerait un relief tout particulier à son contenu. On verra également que la documentation papyrologique d'Edfou, datée de 119/118, contient des éléments qui font écho au texte de la stèle. Signalons que dans le cours du récit (l. 17), il est fait mention de l'an 26, mois d'*epiphi*. Le texte, comme les autres documents de ce type, retrace donc des événements s'échelonnant sur plusieurs années ; la date de rédaction, inscrite primitivement au début de la première ligne, est malheureusement perdue mais gageons qu'elle était égale ou postérieure à avril 118.

1.3. Le cintre

Le cintre de cette stèle est essentiellement décrit à partir du fragment E (inv. H-1101) qui en a conservé la moitié gauche et une partie de la moitié symétrique droite[14]. Il est occupé par un [disque solaire] ailé, le Béhédétite, orné de deux *uraei*, celui de gauche étant coiffé de la couronne de Haute Égypte (Nekhbet, *infra*). Le bloc H-1104 présente une courbure qui prouve son appartenance à la partie droite du cintre mais il est malheureusement entièrement arasé.

Une série de personnages occupe le registre au-dessous de cette partie cintrée. Évergète II ( ) est suivi de ses deux épouses, coiffées de la couronne d'Isis-Sothis ( ) ; Cléopâtre II lève son bras en signe de protection sur l'épaule de son frère. Le roi présente une offrande (Maât ?) à Amon-Rê, reconnaissable aux deux rémiges constituant sa coiffe ( ), et à la déesse Mout, si l'on en croit les restes de son *pschent* ( ). Les deux divinités sont suivies par une théorie de sept personnes et d'un cobra. Il faut reconnaître dans ces figures les ancêtres lagides divinisés, tenant le sceptre-*ouas* et la croix ansée pour les rois, le sceptre-*ouadj* et la croix ansée pour les reines. Le premier couple qui ouvre ce cortège représente Philadelphe et Arsinoé II[15], dont la couronne caractéristique ( )[16] et des bribes de signes (C4) assurent l'identité. On peut légitimement supposer que suivent Évergète Ier ( ) et Bérénice II, Philopatôr ( ) et Arsinoé III ( ). Un dernier personnage masculin, sans couronne particulière mais au crâne étiré en arrière caractérisant les jeunes enfants, achève le défilé des ancêtres lagides. On songe en premier lieu à Eupator mais ce fils de Philomètôr et de Cléopâtre II, mort en 152, fait toujours suite aux dieux Épiphanes dans les listes. Au-dessus du personnage, les traces de signes subsistantes le désignent comme un « jeune homme » (C5 ;)[17]: l'option Eupator s'élimine donc d'elle-même et on doit alors se tourner vers Ptolémée Néos (*ḥwnw*) Philopatôr (= Memphitès) pour identifier ce jeune personnage. Celui-ci est « le dieu, Néos Philopatôr » (*pꜣ nṯr ḥwnw mry jt=f*), fils d'Évergète II et de Cléopâtre II, mort en 130, et divinisé pour sceller la grande réconciliation de 118 (*supra*).

Notes

13. Sur ce terme et sur ce qu'il recouvre, Lenger 1953, 483-499.
14. Pour le spectateur placé en face de la pierre.
15. Le couple des dieux Sôters étant fréquemment omis, c'est le couple des dieux Adelphes qui débute habituellement ce type d'énumération ; Quaegebeur 1989, 95.
16. Sur la couronne d'Arsinoé II et sa signification, Dils 1998 (avec bibliographie antérieure).
17. Aucune trace de cartouche n'est discernable mais l'état de la pierre n'autorise aucune certitude.

Un cobra à tête de crocodile dressé sur un piédestal clôture ce défilé du côté gauche ; il pourrait s'agir de l'*agathodaimon* local, « le Bon génie » vénéré à Alexandrie et dans la région canopique[18]. Là encore, le reptile est surmonté, sur deux colonnes, de signes non identifiables.

Il n'existe malheureusement pas d'autre stèle datant du règne d'Évergète II donnant un élément de comparaison quant à l'agencement des Lagides divinisés sur le cintre. À l'évidence, pour les règnes précédents, la disposition des ancêtres et des divinités locales dans les cintres des stèles a été adaptée à l'occasion. Ainsi, peut-on trouver le cas où un axe de symétrie sépare deux cortèges, une succession des ancêtres lagides derrière le couple régnant faisant face à un défilé de dieux[19] ou une seule file de dieux et d'ancêtres face au couple royal officiant[20]. Cette documentation n'apporte donc pas réellement de solution définitive expliquant l'agencement du cintre de la stèle, laquelle présente un axe de symétrie avec deux défilés adossés.

Dans les scènes des temples ptolémaïques, le couple régnant des dieux Évergètes fait offrande à ses parents puis aux autres ancêtres, en remontant chronologiquement dans la dynastie. Toutefois, l'ordre chronologique peut également être bouleversé, comme c'est le cas sur un relief du temple de Tôd où Évergète II et Cléopâtre II se présentent devant leurs ancêtres, disposés sur deux registres : 1. le dieu Philomètôr, les dieux Épiphanes, les dieux Philopatôrs ; 2. le dieu Eupator, les dieux Évergètes, les dieux Adelphes[21]; Philomètôr et Eupator n'appartenant pas à un couple royal sont mis en exergue en tête des deux registres[22]. Dans les textes, les ancêtres sont présentés selon un ordre chronologique[23]; c'est également le cas dans l'énumération des prêtrises des Lagides divinisés[24]. Pour des raisons de symétrie, en particulier dans les textes inscrits sur les montants de portes, il arrive fréquemment de scinder en deux groupes la liste des ancêtres, qui se présente alors ainsi :

1. les dieux Adelphes, les dieux Évergètes, les dieux Philopatôrs et les dieux Épiphanes ;
2. le dieu Eupator, le dieu Philomètôr, le dieu (Néos) Philopatôr, les dieux Évergètes[25].

À deux reprises dans le texte de la stèle (l. 2 et 24), sont mentionnés les ancêtres dynastiques ; malgré les lacunes, il ne fait pas de doute que la succession est la suivante : [...] les dieux Épiphanes, le dieu Eupator, le dieu Philomètôr, les dieux Évergètes. Dans ces deux listes, Néos Philopatôr devrait se présenter en bonne place, entre Philomètor et les dieux Évergètes. Il est pourtant surprenant de constater son absence et plus difficile encore de l'expliquer, alors même qu'il paraît bien être représenté dans la partie gauche de la stèle. Concernant Eupator, mentionné aux lignes 2 et 24, on supposera donc qu'il figurait dans la partie droite du cintre (*infra*).

Notes

18. Bernand, A. 1970, 84-99 ; Fassone 2005, en particulier 137.
19. CGC 22186 (Canope ; le couple Évergète est suivi de Thot et Séchat, des dieux Adelphes et des dieux Sôters).
20. CGC 22188 (Épiphane ; le couple divin est suivi de trois couples royaux dont les cartouches sont vides : on doit y reconnaître le couple Philopatôr, le couple Évergète et le couple Adelphe, Arsinoé II portant sa couronne distinctive) ; voir également Eldamaty 2005, 3-9.
21. *Tôd*, n° 318 ; Grenier 1983 ; en dernier lieu, Minas 2000, 24-25 (51) ; Huß 2001, 600.
22. Cette scène est antérieure à la divinisation de Néos Philopâtor qui n'est donc pas représenté.
23. Quaegebeur 1989, 95, n. 11.
24. Lanciers 1991, 117-145.
25. Voir Minas 2000, pl. 22-23 (Opet).

Il ne reste que peu d'éléments de la moitié droite du cintre. Sur le fragment D (inv. H-1114), on distingue les restes de deux figures, l'une masculine (jambe) et l'autre féminine ; le fragment E (inv. H-1101) conserve les restes d'une figure féminine qui semble bien être Arsinoé II coiffée de sa couronne () ; la présence pour le moins surprenante de la seule déesse Philadelphe pourrait s'expliquer par le culte qui lui était alors probablement encore rendu non loin d'Héracléion, sur le promontoire de Zéphyrion. En effet, on sait par deux épigrammes de Poseidippos de Pella, dont l'un est rapporté par Athénée (7.106)[26], que le navarque Callicratès y consacra un sanctuaire à Arsinoé Kypris[27]; protectrice des marins et de la flotte lagide, son culte a pu naturellement trouver une place privilégiée dans l'*emporion* d'Héracléion.

La déesse Philadelphe était donc vraisemblablement précédée d'un couple royal dont il ne reste pratiquement rien, probablement Épiphane et Cléopâtre I. Comme sur la partie gauche, le défilé des ancêtres lagides s'achève par la figuration d'un animal sacré, un taureau debout sur son piédestal, coiffé de deux hautes plumes ; si l'on distingue des traces de la légende (deux colonnes) relative au bovidé, il n'est pas possible d'identifier la moindre séquence de signes. Les liens étroits entretenus entre les sacerdotes memphites et la dynastie lagide suggèrent toutefois qu'il s'agit du taureau Apis[28].

Dans la partie droite, l'emplacement supposé de Philomètor et d'Eupator s'expliquerait par la simple filiation, le père précédent le fils. La présence de ces deux ancêtres, non disposés en couple, crée inévitablement un déséquilibre dans la composition mais qui est compensé par la présence d'Arsinoé II seule en fin de cortège. Malgré les incertitudes qui demeurent (notamment pour la moitié droite), les deux parties symétriques pouvaient donc se présenter ainsi (en grisé les éléments totalement perdus) :

Moitié gauche

Évergète II → Cléopâtre II Cléopâtre III	← Amon-Rê Mout	Philadelphe Arsinoé II	Évergète Ier Bérénice II	Philopatôr Arsinoé III	Néos Philopatôr	Cobra

Moitié droite

Taureau (Apis)	Arsinoé II	Épiphane Cléopâtre I	Eupator	Philomètôr	Amon-Rê → Khonsou	← Évergète II Cléopâtre II Cléopâtre III

Notes

26. Bernand, A. 1966, 29 ; également Strabon 17.1.16 et Catulle, 66.51-68 ; Bernand, A. 1970, 178-179 et 182-183.

27. Hauben 1983, 111-114 ; en dernier lieu, Bing 2002-2003 ; Lapini 2004, 45-48 ; Fassone 2005, 138 ; Barbantani 2005, 144-152. Pour la statue de granite noir découverte à Abouqir et attribuée à Arsinoé II (SCA 208), Yoyotte, dans Goddio, Clauss (éd.) 2006, 172-175 (18) et 407.

28. Sur les relations entre les prêtres memphites et la dynastie lagide, voir les contributions réunies dans Peremans 1980 ; Thompson 1988 ; Huß 1995. On rappellera qu'à travers leur titulature, les Lagides sont associés à Ptah-Tenen dès le règne d'Évergète Ier puis au taureau Apis à partir de celui de Philomètôr. On verra également Apis dans la province d'Occident, Meeks 2006, 288-289.

1.4. Texte hiéroglyphique

Sous le cintre courait une inscription hiéroglyphique sinistroverse de 33 lignes suivie d'un texte grec, aujourd'hui en quasi totalité perdu. Le texte hiéroglyphique est bordé de deux bandes verticales, l'une d'entre elles étant vraisemblablement la hampe d'un sceptre-*ouas* qui délimitait également les extrémités latérales du cintre. Compte tenu de la taille du monument, le texte hiéroglyphique est gravé dans un module relativement petit, entre 7 et 7,5 cm d'espacement linéaire interne (entre 8 et 8,5 cm d'espacement linéaire externe). Cette inscription, comme le texte grec (*infra*), constituait très vraisemblablement le plus long texte « officiel » hiéroglyphique de l'époque lagide qui nous soit connu, avec ses 33 lignes de 2,84 m de long chacune, soit près de 94 m linéaire !

Pour autant, la vision que l'on peut avoir de ce document à l'aide du seul texte hiéroglyphique est largement partielle, tronquée par le fait même que seuls les deux derniers tiers de la plupart des lignes sont conservés. L'ampleur de la partie perdue, sur le côté droit de la stèle (entre 1 m et 1,30 m), empêche de faire un lien, même théorique, entre chacune des lignes. En outre, sur le fragment E, qui constitue la pièce la mieux conservée, les nombreuses lacunes qui émaillent le texte sont des plus frustrantes et ne permettent pas toujours d'en saisir les données essentielles, la plupart du temps coupées d'un contexte qui aurait permis d'en appréhender toute l'importance. De fait, il est bien souvent difficile de concilier les traces de signes avec des mots ou des séquences faisant sens. Ces réserves étant faites, le contenu de ce document révèle des renseignements des plus notables quant aux relations entretenues entre Évergète II et le site d'Héracléion, sur les franges nord-occidentales du Delta égyptien.

2. Traduction[29]

2.1. Cintre (E)

C1.  Le Béhédétite, [grand] dieu, maître du ciel, [au plumage bigarré, qui sort de l'horizon][a].

Note

a) On attendrait *sꜣb šw.t pr m ꜣḫ.t* mais la formule est peu reconnaissable dans les traces subsistantes.

C2.  Nekhbet, [la blanche] de Nekhen, douée de vie.

Au centre de la composition, entre les deux *uraei* :

C3. 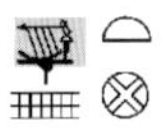 Le Harpon de l'Ouest (?)[a]

Note

a) Très hypothétique ; surmontant le signe 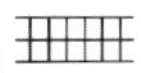, n'aurait-on pas ici, à l'emplacement le plus privilégié, l'emblème du Harpon de l'Ouest , 7e province de Basse Égypte ? Une telle disposition ne m'est pas autrement connue. Pour cette province, en dernier lieu, Geissen, Weber 2006, 277-289.

Arsinoé II :

C4. 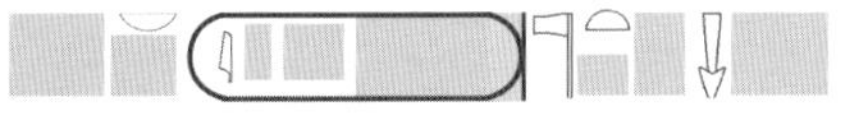 [La souveraine], Maîtresse [du Double Pays], (A[rsinoé])| la déesse [qui aime son] frère.

Ptolémée Néos Philopatôr :

C5.  le jeune homme (= néos) [...].

Note

29. Les longueurs des lacunes sont données à titre indicatif ; la version normalisée du texte hiéroglyphique ne prend pas systématiquement en compte les traces de signes relevées sur le fac-similé.

2.2. Protocole royal

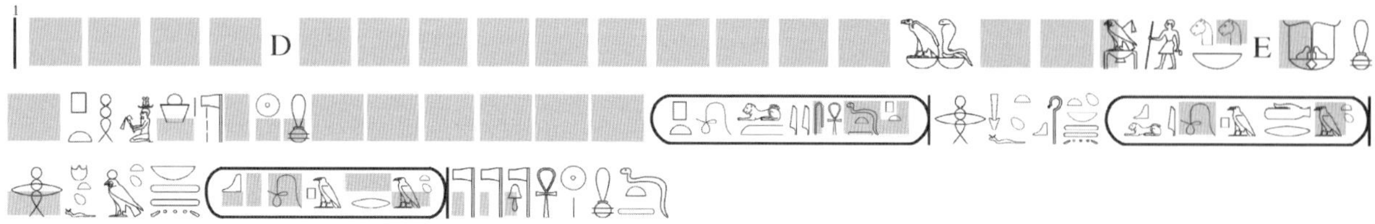

1. [...4c...] (D) [... l'Horus, le jeune homme dont on se réjouit de la vie (étant) sur le trône de son père, celui dont les actions réussissent, celui dont l'éclat est singulier avec l'Apis vivant], Celui des deux déesses, [celui qui réjouit le Double Pays], l'Horus d'or, Grand de puissance, maître (E) des fêtes-*sed* comme [son père] Ptah-Tenen, père des dieux, [souverain] comme Rê, [le roi de Haute et Basse Égypte, (Héritier des dieux Épiphanes, élu de Ptah, qui accomplit la justice de Rê, image vivante d'Amon)|, le Fils de Rê], (Ptolémée, vivant à jamais aimé de Ptah)| et sa sœur, la souveraine, maîtresse du Double Pays, (Cléopâtre)|, et son épouse, le faucon femelle[a], maîtresse du Double Pays, (Cléopâtre)|, les dieux Évergètes, vivants comme Rê éternellement.

Note

a) Pour *Ḥr.t* rendant βασίλισσα ; Daumas 1952, 219 ; *GLdR* IV, 333 (F et H).

2.3. Éloge royal

2. [...4c...] (D) [... les dieux Adelphes, les dieux Évergètes], les dieux Philopatôrs, les dieux Épiphanes, le dieu Eupatôr, le dieu Philomètôr, les dieux Évergètes (E) [...*c.* 7c...] sur [terre (?)] (lorsqu')il fait offrande[a] [au] maître (?) [...4c...] Tenen (?), élevé par Mout, maîtresse de Chen (?)[b], qui renouvelle la manifestation[c] de Tenen[d], le protecteur, éminent dans les Confins des nomes, semence divine de[e] Thot, image [... de] Mon[tou...2c...] tous [...1c...] le corps [...1c...] les déesses [...1,5c...]

Notes

a) Lire *jr~n⸗f nḏ(.t)* ? Ou « faire une salutation » ?

b) Cf. *pn-šnw* « celui de l'arbre », désignant un canal de la région thébaine ; *GDG* 5, 137 ; Meeks 1972, 63 (48) ; également *šnw.t* « l'acacia », *GDG* 5, 140 ; voir *infra*, l. 18, *tꜣ ḥw.t-šnḏ* « le temple de l'acacia ». Le *LGG* 4, 143b enregistre une Hathor *nb.t Šn* (sans le dét. de l'arbre), toponyme non localisé.

c) Le groupement de signes est original (*ḫprw* ?) : comprendre ? On le comparera à (*ḫʿ*, *ḫʿw* : *ValPhon* 1, 20, n° 303). Avec la seule lecture *ʿnḫ* du scarabée, lire *wḥm-ʿnḫ n Ṯnn* ?

d) La coiffure du dieu assis l'identifie à Tenen. Une allitération plaisante (*ʿnḏty nḏty*) pourrait évoquer le dieu Ândjty –pourtant loin de sa capitale bousirite– étudié récemment par Perdu 2004 et 2005.

e) Le signe sert fréquemment à noter le génitif indirect, de même qu'il est utilisé dans les formes *sḏm~n⸗f* ; à propos de la rareté de cette graphie du morphème aspectuel dans les textes narratifs en égyptien de tradition, voir Engsheden 2003, 101-102.

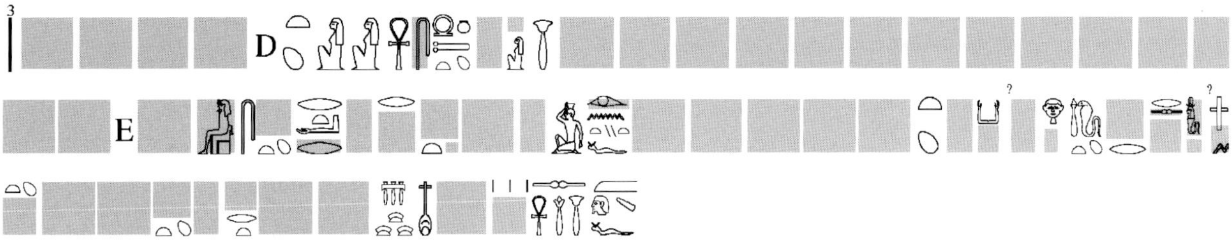

3. [...4c...] (D) les deux pleureuses (?)[a], *ʿnḫ=s*, Chentayt [...1c...] Ouadj[yt (?) [...*c.* 14c...] (E) [...1c...] auguste [...1c...] qui donne [...*c.* 13c...] la grande [...3c...] auguste (?) de [...8c...], dont les couronnes resplendissent, parfait de [...1,5c...], qui fait vivre le Double Pays avec ses champs[b]

Notes

a) Avec la trace possible d'un yod en début de ligne, on peut suggérer une lecture *ḥꜣj.ty*.

b) *tp.w*, *Wb* V, 293, 1.

4. (A) [...4c...] (D) [...*c.*17c...] (E) [...1,5c...] établi sur le trône de son père, qui saisit [avec ses] bras [...2,5c...] qui gouverne [...*c.* 6c...] le Porche de ce pays[a] [...12,5c...] à côté de la place de (?), qui gouverne le trône [...1/2c...] de... (?)

Notes

a) *sbḫ.t tꜣ pn* ; pour cette même graphie, Quaegebeur 1971, 240 (II) et 249, n. c (stèle Vienne 153 ; désignation de Memphis dans ce contexte) ; sarcophage naucratite de Panéhemisé (Vienne n° 4) ; von Bergmann 1884, 5-8 ; voir Yoyotte 1983-1984, 130, n. 7 ; Yoyotte 1994-1995, 678-680 ; Guermeur 2005, 132. En dernier lieu, Yoyotte 2003, 230-234, en particulier 233, n. 58 (la « *sbḫ.t* est par excellence une barrière défensive »).

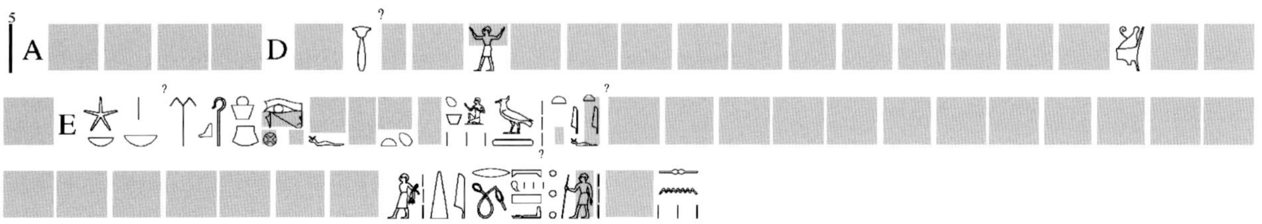

5. (A) [...4c...] (D) [...*c.* 15c...] la double couronne (?) [...3c...] (E) [...1c...] en tant que souverain de l'Égypte[a] [...*c.* 3,5c...] les hommes et les gens[b] [...*c.* 18c...] qui soumet les Bédouins [...1c...] *=sn*

Notes

a) Pour *Bꜣq.t* ?

b) L'association des *pʿ.t* et des *rḫy.t* est suffisamment bien attestée pour adopter ici le signe de l'oiseau-*rḫy.t* pourtant peu distinct ; le trait au-dessous reste problématique : ou ?

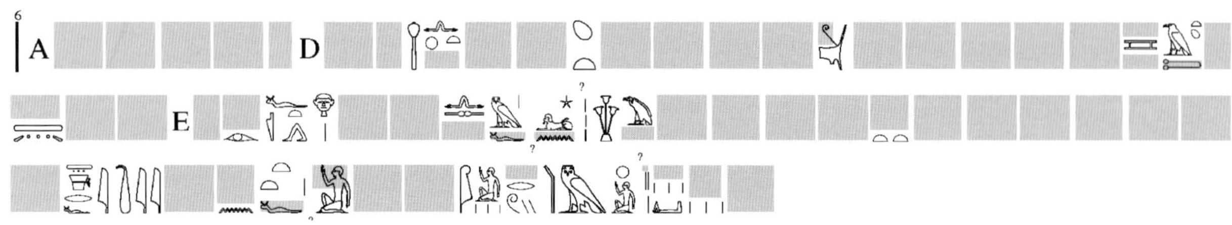

6. (A) [...4,5c...] (D) [...17c...] (E) [...1,5c...] il accomplit la navigation sur [...2c...] sans... (...2,5c...) notre maître [...12c...] le pays tout entier, le souverain [...*c.* 4c...] qui repousse (*rwj* ?) les Asiatiques [...3c...]

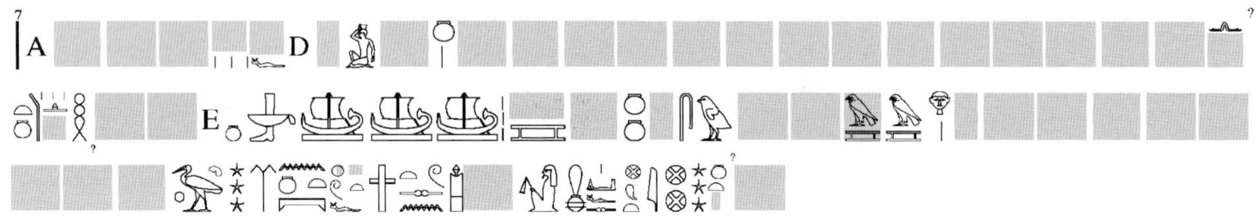

7. (A) [...4,5c...] (D) *=f* [...*c.* 15c...] sans nombre [...3c...] (E) les bateaux gyblites[a] [...2c...] ces [...6c...] les deux dieux (?)[b] [...9c...] les étoiles décanales[c] dans le ciel ; il est [...1/2c...] parmi elles, comme Ioun-[...1c...][d] lorsqu'il apparaît en présence des étoiles[e] [...1c...]

Notes

a) Le signe utilisé dans la version normalisée est assez différent du signe gravé sur la stèle.

b) Très incertain ; le rapprochement avec le « canal des deux dieux », canal-*mer* de la 11e province de Basse Égypte (*GDG* 3, 108) ne convainc pas ; voir également Montet 1961 vol. 1, 74. Cf. « le bateau des deux dieux » (avec dét. du bateau) de la « stèle de Pithom », l. 5 (= *Urk.* II, 87, 9) ; Thiers 2007, 24-25.

c) *bꜣkty.w* ; si un lien a jamais existé ici entre la mention des bateaux et celle des étoiles, on se reportera à la « stèle de Pithom » (l. 6 = *Urk.* II, 87, 13-14 corrigé ; Thiers 2007, 24-25) où les navires qui constituent la flotte de Philadelphe sont « semblables au voyage des étoiles de sa Majesté dans leurs courses ».

d) Désignation de la lune *jwn-ḥʿʿ* ou épithète d'Osiris (*jwn*) ou l'Héliopolitain (*jwny*) ?

e) Le *mj* est placé après le nom de la divinité Ioun-[...]. Noter la graphie ; pour ; également l. 22. Pour la séquence, cf. *mj jtn dj=f sw* « comme le disque solaire lorsqu'il apparaît » ; Jansen-Winkeln 1999, 103 (B.6.c.10e).

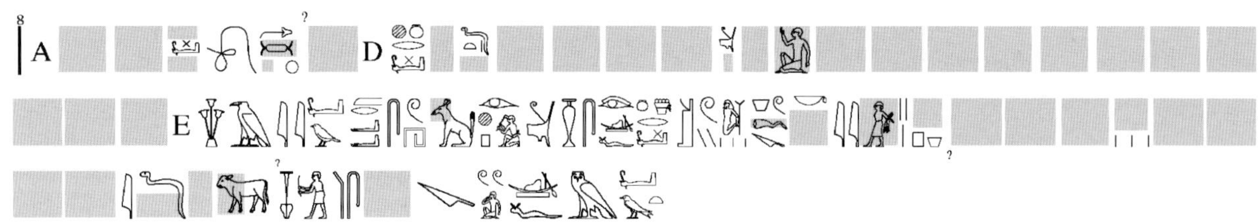

8. (A) [...2c...] qui repousse le voleur[a] [...1c...] (D) qui emprisonne[b] [...1/2c...] le corps [...*c.* 17c...][c] (E) la révolte[d] dans les mains de Celui qui hurle[e], qui tue[f] par la (seule) peur qu'il inspire[g], qui saisit les opposants[h], celui au bras large[i] qui tranche[j] les ennemis[k] [...*c.* 11c...] qui abat (?)[l] les Nubiens, qui [...1c...] ceux qui complotent[m] contre lui en de nombreuses victoires (?) (*m nḫt wr.t*)

Notes

a) *[dr] [ʿ]wꜣy* ? est en effet possible. Cf. *Dendara* II, 10, 11 ; *Edfou* VI, 287, 3-4 ; *WPL*, 141 ; le signe remplacerait les déterminatifs usuels (,).

b) *ẖnr*, *Wb* III, 296, 1.

c) Est prise en compte ici (et par la suite) la lacune due à la perte d'un fragment entre les blocs D et E.

d) Avec pour . Cf. décret de Canope (l. 6-7 = *Urk.* II, 129, 7) : *swḏꜣ~n⸗f Km.t r hꜣʿy.t* « il a préservé l'Égypte de la révolte » ; également *Edfou* VIII, 62, 17 (*mk Km.t r hꜣ[ʿy.t]*).

e) ...*swhj*, avec déterminatif ; « hurler, gronder », *ALex* 79.2478.

f) *jrj ḫp(.t)*, litt. « accomplir la mort ».

g) Litt. « qui est en lui ».

h) *nḏr ṯsty.w* ; *Dendara* IV, 211, 15 (*nḏr sby.w*).

i) *wsḫ* ʿ / *ḫpš* ?

j) *ds* / *dm* avec le seul signe du couteau, « piquer », « trancher ».

k) *k[y.w]*, *WPL*, 1084. Ou tout autre terme désignant un ennemi.

l) *smꜣ* mais avec une graphie non attestée (avec).

m) *wꜣwꜣ*, , *Wb* I, 249, 6-15 ; *WPL*, 192 ; en *Edfou* I, 488, 1-2.

9. (A) [...1c...] qui tranche avec son couteau la tête[a] de [...1c...] (D) [...*c.* 19c...] (E) image rajeunie[b] (de) Celui dont la peau est resplendissante (= Horus)[c] ... image vivante[d] du maître de l'amour, le maître de la crainte, dont le prestige est grand, pourvu de parures en lui ; puisse-t-il sortir vers [...2c...] comme (?) le maître de la joie (?)[e] [...1c...] ; puisse-t-il apparaître [...7c...] *n* [...1c...] lorsqu'il mange les cœurs et qu'il dévore les cœurs[f]. Ô, prosternez-vous [...1c...]

Notes

a) *ds* / *[m]ds n (< m) dm.t⸗f tp n [...]* ; pour une construction similaire, cf. *Tôd*, n°s 190, 6 ; 251, 2 : *ḥsq n dm(.t) tp.w* « couper avec le couteau les têtes ».

b) *ꜣbw.t rnp(.t)* ; avec graphie pour .

c) Comprendre *ṯhn jnm* avec un *t* superfétatoire ? Épithète d'Horus Béhédétite, d'Harsiésis fils d'Osiris, d'Harsomtous l'enfant et de Sobek d'après *LGG* 7, 480a-b.

d) Lecture peu assurée ; faut-il rendre le signe de l'étoile par *nṯry* « divin » (« image vivante divine » ?) ou comme un déterminatif (non attesté ?) de *šsp* ( ) ?

e) *nb ꜣw.t[-jb]*, épithète fréquente pour de nombreuses divinités (*LGG* 3, 559-560) ou, plus rare, *nb ꜣw.t[⸗f]* (*LGG* 3, 559c).

f) En symétrique à *wnm jb.w* on peut songer à un verbe d'acception similaire construit avec *ḥꜣty.w* ; en toute hypothèse, on supposera un glissement phonétique *jm* > *ʿm* du signe de l'enfant mettant la main à la bouche. Cf. *Opet* 6 : *wnm jb wnm msty* « manger le cœur, manger le foie » (des ennemis).

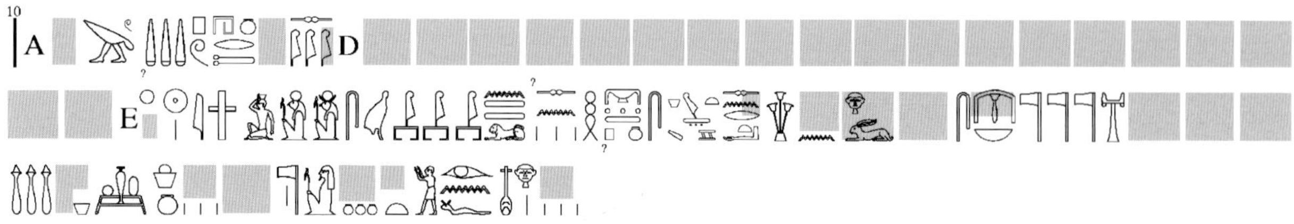

10. (A) [...1/2c...] ces paroles de joie (?)[a] vers toi [...1/2c...] les décisions (D) [...*c.* 19c...] (E) Rê (?) en lui chaque jour, qui illumine les sanctuaires du Double Pays (?)[b], qui les sanctifie avec[c] l'or de cette terre (?), qui agrandit leur territoire, qui donne plus [que ce qui existait auparavant][70], qui met en fête les dieux[d], le[s] autel[s...3c...][e], les grands [...1c...] les tables d'offrande [...*c.* 5c...]. Il a fait le bien[f] pour [...1c...]

Notes

a) Avec une graphie de *hnw* sans déterminatif ? Pour d'autres acceptions de *hn* + préposition (« approuver quelqu'un, quelque chose », dans un contexte oraculaire), Vernus 1980, 229, n. ar.

b) Sur la pierre, possiblement .

c) *ḏsr sn ḥ<nʿ> / ḥ<r>* ? On songera à une séquence *ḥnb.t tꜣ pn (?)* « le champ de cette terre » (avec une graphie non attestée de *ḥnb.t*), également possible dans le contexte (*gs.w-pr.w* ; *swsḫ tꜣš*) ; cf. *Urk.* IV, 83, 3-4 (Thoutmosis Ier) = Derchain-Urtel 1978, 30.

d) Restituer une séquence du type *rdj ḥꜣw [ḥr wnt m-bꜣḥ / ḫr-ḥꜣ.t]* ; sur ce type de formules, voir Vernus 1995, 73 et 92-94.

e) Ou « les autels des dieux », avec une antéposition honorifique de *nṯr.w* ?

f) En dernier lieu, Postel, Régen 2005, 252, n. r.

g) Nombreux exemples de cette séquence dans les autobiographies, voir Jansen-Winkeln 1999, 68-69.

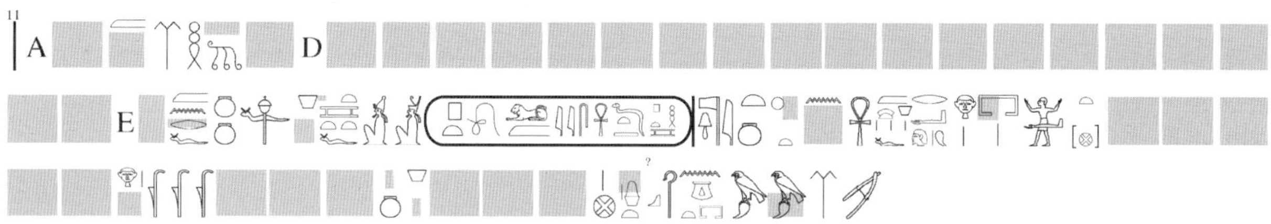

11. (A) [...1,5c...]...(?) (D) [...19c...] (E) [...1,5c...] auquel on ne peut s'opposer[a], sans pareil, le roi de Haute et Basse Égypte, (Ptolémée, vivant à jamais aimé de Ptah)|, le dieu Évergète, qui illumine[b] [...2c...] vivant (?) lors de ses apparitions ; il s'est montré dans[c] la Maison de la réjouissance [...5c...] les années [...8c...] qui gouverne le trône des deux Maîtres avec amour.

Notes

a) *nn ḫsf(=f) n[n] (?) mjt.t=f* ; cf. *jwty ḫsf=f*, *Wb* I, 46, 5. La seconde partie n'est pas assurée sur la pierre avec une trace peu explicite (houe-*mr* ?) sous le vase-*jʿb* (?) et un *t* au-dessus de *mjt.t=f* ; pour autant, cette séquence est suffisamment commune pour être proposée dans la traduction.

b) Ou « le disque solaire » (*jtn*) ou « le substitut » (*jdn*).

c) *rdj-tp=f*, *Wb* II, 468, 6-10 ; *WPL*, 596 ; on attendrait la préposition *m* plutôt que *ḥr* qui doit être pourtant retenue ici.

2.4. Récit historique

12. (A) [...5c...] (D) [...18c...] (E) il a pensé[a] à leurs chapelles, il a pris soin[b] de leurs temples, il s'est montré vigilant à rechercher[c] *wbn* / *psḏ* (?), (car) il est à la tête de la troupe (?)[d] [de] tous les dieu[x], en plus de[e] [...1,5c...] augustes [...14c...]*nq* [...3c...]

Notes

a) *mꜣṯ* ; rendu par « prendre des mesures de prévoyance » dans les décrets trilingues ; Daumas 1952, 110 et 237.

b) Le signe de la barque-*ḥnw* sur son support est reconnaissable ; il faut songer au verbe *ḥn* (*Wb* III, 101, 1-20 ; *ALex* 77.2724) en retenant l'acception « protéger, prendre soin, organiser », parallèle à *mkj* ou *swḏꜣ* signalé au *Wb* III, 101, 8. La graphie avec la seule barque-*ḥnw* est semble-t-il originale.

c) *ḏ[ʿ]r* « rechercher », « avoir besoin » ; Rosette, N.25-26 (= *Urk.* II, 185, 6) : *rd~n=f jḫ.t nb(.t) ḏʿr=sn* « il a donné tout ce que l'on recherche » (Engsheden 2003, 340), rendu en grec par « ce qui convient, ce que l'on doit faire » (Daumas 1952, 202).

d) En toute conjecture, *[tj] sw m ḥꜣ.t js.t* (?) ; à noter que le signe attribué à *js.t* est inversé par rapport aux graphies de *rnp.t*, l. 11 et 17.

e) *m pr.w r*, *Wb* I, 527, 2.

13. (A) [...5c...] (D) [...17c...] (E) *=f*. Il a transporté l'image d'Amon-Rê, le roi des dieux, vers la Thèbes du Nord, avançant[a] (= le dieu) alors qu'il était à l'extérieur[b] autour du mur d'enceinte[c] [...2c...] sortir pour rendre l'oracle[d] *jw* / *r* [...1c...] dans les bras [...6c...] sa Majesté en personne (?) était avec lui comme[e] [...5,5c...Gere]b (?)[f], le pays tout entier [...1c...]

Notes

a) Sur la séquence *nʿy m-[ḥr(=f)]* (ou *[ḥr(=tj)* ?), voir *infra*. Pour *nʿj* « voyager, faire route » (pour les bateaux), Meeks 2002, 312, n. 256.

b) *wn=f m-rwty*. Dans un contexte de procession de naos, cf. *r-rwty pr=f*, Memphis II, R. 8 = *Urk.* II, 191, 7 ; *Philensis* I, 10 = *Urk.* II, 208, 13.

c) Le signe paraît bien être celui du mur d'enceinte avec ses redans, à lire *sbty*.

d) Malgré l'aspect dégradé des signes, je retiens la lecture *pr.t r bjꜣy.t* qui s'intègre parfaitement dans le contexte oraculaire qui semble bien être celui du passage ; pour une acception plus neutre de cette séquence, Zivie-Coche 2004, 159, n. q.

e) D'après les restes de signes : *[j]w=f ḥm=f ḥn[ʿ]=f mj* (ou *ḥr* ?).

f) Les traces qui précèdent sont toutefois peu explicites.

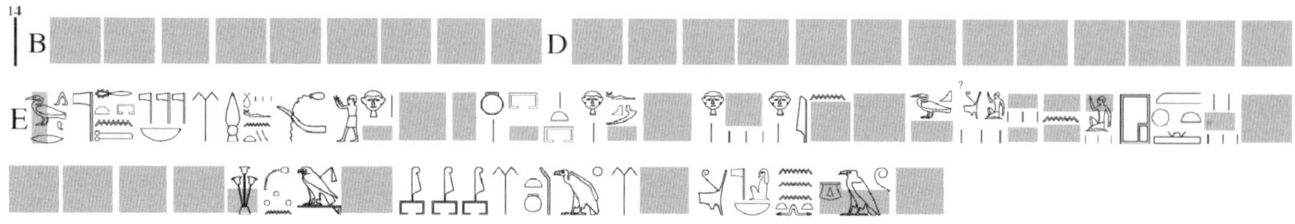

14. (B) [...9c...] (D) [...13c...] (E) [il pénétra dans] le sanctuaire de tous les dieux (revêtu) de ses parures de prêtre-*ouâb*[a] [...*c.* 16c...] le temple[b] avec des biens (?) [...6c...] du blé de Basse Égypte[c] pour les dieux [qui sont dans] les temples chaque année *m* [...1c...] pour le dieu, maître de l'eau[d], sans manque [...1c...]

Notes

a) *m ẖkr.w=f nty wʿb* ; cf. p. ex. *Edfou* III, 300, 17 : *ḥbs~n=f s(w) m wʿb.t* « il (= Évergète II) a revêtu le vêtement-pur ».

b) Le signe à l'intérieur du *ḥw.t* n'est pas identifiable. En se fondant sur la présence des deux déterminatifs collectifs, il se pourrait que l'on soit en présence d'une énumération de personnels sacerdotaux.

c) *jt-mḥw*, WPL, 119-120 ; probablement précédé de *jt-šmʿ*. Cf. également , p. ex. Memphis II, N. 11 (= *Urk*. II, 174, 3) ; *wꜣy.t qnw r gs.w-pr.w n Km.t* ; et surtout N. 14 (= *Urk* II, 176, 4) : *wꜣḥy.t rd.t r ḥw.wt-nṯr.w tp-rnp.t* ; graphie / en N. 24 (= *Urk*. II, 184, 5).

d) Épithète d'Amon(-Rê) attestée au Nouvel Empire et aux 21-24es dynasties ; *LGG* 3, 645c. L'occurrence de la stèle d'Héracléion constitue donc l'attestation la plus récente et doit se comprendre dans le contexte topographique local : Héracléion étant implanté au débouché de la branche canopique et donc de la crue qui termine ici sa course dans la mer (cf. la statue colossale d'Hâpy, Baines dans Goddio, Clauss (éd.) 2006, 306-311). Pour Amon et la crue (en particulier à Thèbes), Gabolde 1995. On verra également l'épithète attribuée à Isis d'Héracléion dans le *p.Oxy*. XI, n° 1380, l. 61-62 : « la maîtresse de la mer » ; également Kockelman 2008, 58, § 19 ; Bricault 2006 ; cf. « Horus qui préside aux marais du Nord, le maître de la mer (*nb wꜣḏ-wr*) », attesté sur la statue Yale University Art Gallery 2.1.1953 en étroite relation avec des prêtrises d'Héracléion et de Canope ; Guermeur 2005, 146. L'Amon-Rê de Séma-Behedet était également « maître de la mer » ; statue de Padimouthès, col. 1 = Van't Dack *et al.* 1989, 95, 97 et 99, n. 7 ; Guermeur 2005, 227-228.

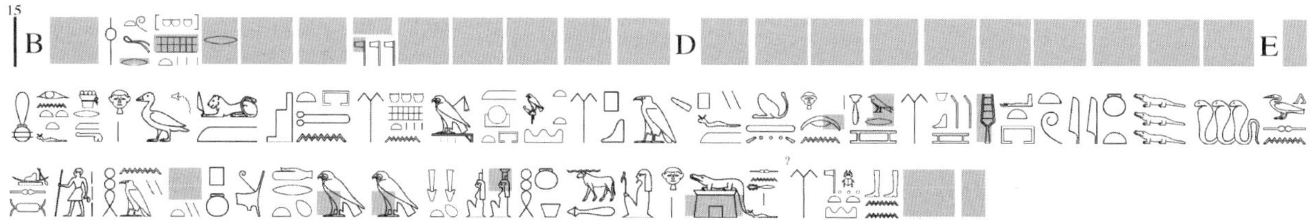

15. (B) [...1c...] le décret vers les [confins] des nomes [...4c...] les dieux [...5c...] (D) [...10c...] (E) comme ce qu'ont fait ses ancêtres[a] depuis l'origine sur le sol[b] sacré dans cette place, dans les confins[c] des nomes des dieux à l'horizon occidental, dans cet espace ouvert[d] aux confins du pays[e], sur [le bord] de la mer[f], en face de cette tombe[g] des dieux et des déesses ; ils (= les ancêtres ?) y (*jm=s*) pénétrèrent pour (?) les grands / vieillards ainsi que, assurément[h], ce [...1/2c...] des deux milans femelles, les Deux sœurs (Isis et Nephthys), ainsi que l'Âme grande (= Osiris ?)[i] alors qu'elles réunissaient son corps[j] dans le Pays du dieu[k]. S'éloigner[l] [...1,5c...]

Notes

a) Graphie de *jt.w=f*. Ce sont les ancêtres dynastiques, à comparer à τοις προγόνοις (*ḏfn.w*) ; Daumas 1952, 194. *Philensis* II, 11 (= *Urk.* II, 225, 11) qualifie le couple des dieux Sôters d'ancêtres de la dynastie (*ḏfn.w* ; dém. *nꜣ jt.w (n) nꜣj.w jt.w*).

b) normalement graphie de *rẖ* (Perdu 1985, 92 n. 24 ; voir également, el-Sayed 1982, 190, n. i : *sr*) mais le contexte suggère une graphie de *sꜣṯw* ; confusion avec ? Pour des variantes de *ḥr sꜣṯw ḏsr*, voir Hoffmeier 1985, 192-193. Sur les acceptions de *sꜣṯw*, Postel, Régen 2005, 262-263, n. ff.

c) La fréquence du terme *pḥw* pour désigner « les confins » (*pḥw tꜣ* ; *pḥw spꜣ.wt*) suggère ici une graphie du signe pour , de même qu'à la ligne 19 ; Broze 1989, 102, n. 25 et 26 (*pḥw* + toponyme étranger).

d) Malgré un *p* peu soigné, il faut vraisemblablement reconnaître ici le terme *pqꜣ* « espace ouvert, découvert », « champ de bataille », *Wb* I, 562, 11-17 ; *ALex* 79.1053. On songera naturellement à l'ouverture maritime de la région pour expliciter cette dénomination.

e) Les « confins du pays » désignent ici la limite septentrionale (méditerranéenne) de l'Égypte ; cf. *GDG* 2, 147 ; Gabolde, Goyon 2008, 8 (x + 4).

f) *ḥr [spd.t / rꜣ] n wꜣḏ-wr* ; cf. la stèle de Nectanébo Ier découverte à Héracléion et qui précise que la ville est située « sur la bouche (*rꜣ*) de la mer des Grecs » ; Yoyotte 2001, 24-25 et 32. Toutefois, d'après la pierre, on préfèrera *ḥr sp.t n wꜣḏ-wr* ; cf. la stèle du Satrape, l. 4 (= *Urk* II, 14, 15) où Alexandrie est dite « sur le bord de la mer des Grecs » ; même séquence dans la stèle Harris BM EA 886, l. 8-9 (note suivante) ; voir également la mention « à la bouche des Grecs », sur une plaque de bronze découverte à Héracléion ; Yoyotte 2004, 38-39 (14) ; Yoyotte dans Goddio, Clauss (éd.) 2006, 312-313 (320).

g) *m-ꜥqꜣ mꜥḥꜥ.t twy* ; *mꜥḥꜥ.t* « tombe, chapelle », Meeks 2006, 158, n. 570. Dans le contexte géographique qui nous occupe, on serait pourtant tenté d'isoler le terme et de lire *m ꜥqꜣ* « dans le canal-*âqa* » attesté au *Wb* I, 234, 13-14 ; également qui désigne la crue du Saïte méridional (4e province de BE ; Guermeur 2005, 92-95) et celle du Saïte septentrional (5e province BE) en *Dendara* X, 332, 11 ; Graefe 1980, 61. Voir également la stèle Harris BM EA 886, l. 8-9 : « la résidence [des] rois Grecs qui est au bord de la mer, à l'ouest du (district)-*âqa*, et dont le nom est Rakotis » ; Baines 2004, 58 (« on the west side of the *ꜥqꜣ*-district ») ; Reymond 1981, 142 et 148 (« by the western side of the 'Andjety nome ») ; Derchain 1998, 1158 (« à l'ouest du marais de Sema-Neteroui ») ; Chauveau 1997, 64 (« du côté ouest de la branche canopique ») ; Helck 1974, 171.

h) Graphie de *ḥnꜥ* ; également l. 16 et 31 ? Cf. Memphis II, N. 14 (= *Urk.* II, 176, 1) : pour *ḥ<nꜥ> ꜣy*.

i) Pour l'épithète *bꜣ ꜥꜣ*, cf. *LGG* 2, 666b-c (pour des divinités solaires mais cette épithète est également en relation avec l'au-delà).

j) *sꜣq* « rassembler, réunir », le signe du crocodile sur son piédestal (non assuré) étant une variante du crocodile à la queue repliée ; la graphie de *ẖ.t* est dégradée mais se comprend dans le contexte.

k) C'est-à-dire les territoires à l'est de l'Égypte et qui englobent le pays de Pount (la péninsule arabique, de l'Arabie Pétrée au Yémen) ; Meeks 2002.

l) Pour les sens du verbe *bnbn*, Meeks 1972, 7-8 n. 7 ; Meeks 2006, 269 n. 759 ; Zivie-Coche 1994, 425-426 (« s'élancer »). On peut supposer une graphie . Voir la mise au point de Egberts 1995, 131-132 (*bnbn* / *nbnb* : « to overrun »).

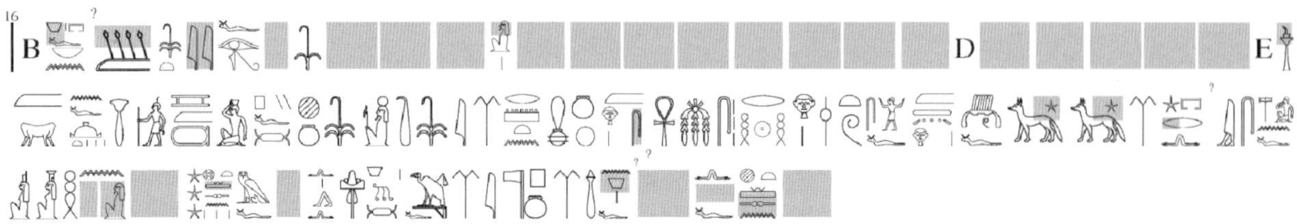

16. (B) chacun de ses lieux de recevoir sa royauté[a], *wḏꜣ* / *jr* [...12c...] (D) [...*c.* 5c...] (E) [...1/2c...] lorsqu'il a parcouru[b] les îles de la mer[c] en son nom de Khonsou, car il est là[d] jusqu'à aujourd'hui[e] en face d'elle (?), (celui) dont les enfants vivent[f] éternellement, ordonnant qu'il (= le roi) soit exalté dans le pays tout entier ; l'orient et l'occident sont en adoration (?)[g] sans qu'elle soit venue (?)[h]. Il a salué / protégé les Deux sœurs (Isis et Nephthys) ainsi qu'[Osiris, l'âme][i] des dieux [...1c...] leurs biens (?)[j] de lui (*m-ꜥ⸗f*) [...1/2c...] sans venir / se produire (?) sans cesse (?)[k]; sa mère a honoré (?)[l] ici ce dieu du fait de la grandeur de (*m ꜥꜣ(.t) n*) son [...2c...], sans [...1c...] leurs biens [...1c...]

Notes

a) Le double-yod est peu distinct. Cf. *m ḥb n šsp nsy.t* « la fête de recevoir la royauté » ; *Urk.* II,172, 7 ; Daumas 1952, 206 et 90 et n. 1.

b) variante du signe *ḫns* ; une allitération sur le nom de Khonsou encourage cette proposition de lecture. Voir Commentaire.

c) *jw.w wꜣḏ-wr* ; pour la graphie *jꜣ.t* de *jw*, cf. les graphies de *pꜣ-jw-n-Jmn* (Balamoun) ; voir également certaines graphies de *jw-rq*, p. ex. *Philae*, 4, 8 ; 6, 6 ; 12, 13 ; 15, 10, etc.

d) *tj sw jm.*

e) Lire *r-mn mjn* (*Wb* II, 64, 9) ? Voir *Porte d'Évergète*, pl. 43 (Khonsou et *Randzeile* royale).

f) Khonsou *ḫy ꜥnḫ ms.w(t)* : *Porte d'Évergète*, pl . 6 = *Urk.* VIII, n° 64i ; *LGG* 2, 146b-c. Ou « qui fait vivre les enfants » avec une haplographie du *s* (*sꜥnḫ ms.w*) ? Dans ce passage, les *s* posent problème ; peu après, on hésite à comprendre *ḥr wḏ sqꜣ⸗f* ou la séquence *ꜥnḫ ms.w ḥr wḏ.t⸗s* « les enfants vivent à son ordre », faisant alors référence à une déesse.

g) Deux signes du chacal (*jmnt.t jꜣbt.t*), chacun étant semble-t-il surmonté d'une étoile. La traduction proposée demeure très conjecturale.

h) Dans le cas d'une particule enclitique *js* notée avec le signe du roseau pourvu de jambes, on est en présence d'un aoriste négatif : *n js nḏ~n⸗f sn.ty* « sans qu'il puisse en vérité saluer / protéger les deux sœurs ».

i) Hypothèse de restitution après les mentions d'Isis et de Nephthys et la possible épithète *[bꜣ] nṯr.w* (traces du signe du bélier ?) attestée pour Osiris ; *LGG* 2, 687a-b.

j) Le ou les signes au-dessous de *ḫt* n'est pas assuré ; je restitue le déterminatif de l'abstrait.

k) L'ensemble du passage est obscur. *n ꜣb* « sans cesse ».

l) *wꜣš (?) mw.t⸗f jm nṯr* ; pour *wꜣš* (qui serait ici graphié avec le seul signe de la mèche de cheveux), *ALex* 78.0867. Dans cette hypothèse de lecture, l'emplacement de l'adverbe *jm* est fautif ; cf. p. ex. *Urk.* II, 101, 14 (= Pithom, l. 23 ; Thiers 2007, 70-71 et n. 177).

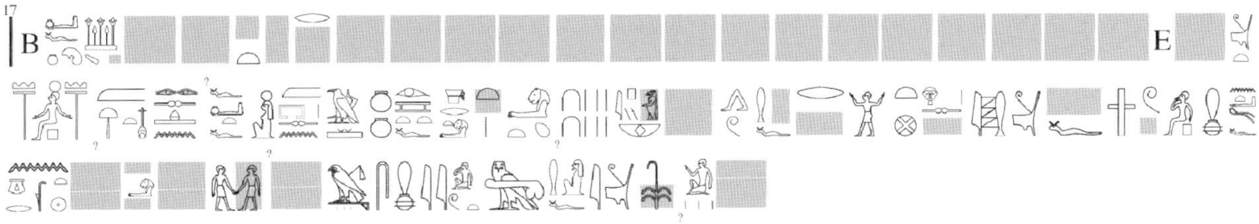

17. (B) Il t'a offert le champ [...*c.* 18c...] (E) [...1c...] de l'éternité en hâte (*m ḥp.t* ?)[a], dont la vue est belle[b]. Il a installé[c] sa mère Mout (?)[d] dans son nouveau temple ; rien de semblable n'avait été fait depuis le commencement[e] ! L'an[f] 26, le mois d'*epiphi* (= III. *chemou*), [...1c...][g], sa Majesté vint pour [...1/2c... la Maison] de la réjouissance, [augmentant][h] la grande offrande de son [père], l'enfant[i] (= Khonsou), conformément à son rituel du besoin annuel[k] [...6c...] les dieux. Un rapport fut fait[l] par les [...1c...] royaux (?) devant sa Majesté

Notes

a) Le passage est problématique ; en première hypothèse, on considèrera que le signe , inconnu des fontes traditionnelles, ne constitue qu'une variante en position assise du signe *nḥḥ*. Pourtant, l'ensemble du passage ne manque pas d'évoquer *Ḥꜣ m Snṯ(?)-nfr* « le dieu Ha dans Sentynoufé » de la 7e province de Basse Égypte ; Guermeur 2005, 139-142 ; Geissen, Weber 2006, 279-280 ; pour *Ḥꜣ*, *LGG* 5, 10b-11c. Une graphie du dieu *Ḥꜣ*, étudié par J. Yoyotte (Yoyotte 1991-1992, 625-634 ; Yoyotte 1994-1995, 667-673), serait tout aussi originale que celle de *nḥḥ* ; quant à celle de *Snṯ-nfr* (*GDG* 5, 41), elle reste malheureusement trop incertaine.

b) *nfr mꜣꜣ=s*, *LGG* 4, 211b (Hathor) ; ou *nfr mꜣꜣ* (Haroéris).

c) Litt. « fait reposer ». Haplographie du *s* si *mꜣꜣ=s* est correct.

d) Signe-mot indistinct représentant une divinité assise coiffée d'un disque solaire (?).

e) Sur ce type de formules, Vernus 1995, 78-82.

f) La lecture *ḥꜣ.t-sp* est davantage explicite dans le contexte que sur la pierre elle-même où, sous le signe du protome de lion (*ḥꜣ.t*), les deux signes (*t* + œuf ?) s'accordent plus difficilement avec une lecture *sp*.

g) Pour le quantième.

h) Restituer *s[wr]* (p. ex. *Edfou* I, 330, 12) ; ou *s[ʿꜣ]*.

i) *jmty* « enfant d'une divinité », *Wb* I, 78, 17 ; pour une graphie identique, *Tôd*, n° 146, 14 (revu ; Montou *spd m sḫpr[~n=f] jmty.w=f* « efficace lorsqu'il fait advenir ses enfants »).

j) Cf. *mj nt-ʿ=sn n ḫr.t rnp.t* (*Urk.* IV, 1147, 11, à propos de lin, onguents et vêtements) ; Schott 1990, 124 (264).

k) La présence du complément d'agent (*jn*) oblige à faire de *smj=tw* un passif impersonnel. La traduction proposée adopte un sens neutre du terme ; pour l'acception « se plaindre » de la séquence *smj m-bꜣḥ*, Vernus 1980, 229, n. aq ; David 2006, 105 ; voir *infra* Commentaire.

18. (B) [...21c...] (E) [...1/2c...] le roi de Haute et Basse Égypte (Ptolémée)|, le dieu Philopatôr, vers le(s) territoire(s) agricoles extrêmes (?)[a] des confins du pays, surnommés[b] le Temple de l'acacia[c], pour donner une allocation à [ceux] qui sont en eux[d] [...2c...] Khonsou (et) les dieux et les déesses qui sont dans la ville / temple (?) du Nord[e] [...5c...] sans qu'[il][f] ne se fût rendu vers son sol en présence[g] du rebelle qui avait la confiance (?)[h] des fonctionnaires. [Il] a offert [...1c...]

Notes

a) Le nom de ce territoire fait difficulté ; lire *ḏr* « extrémité, fin » (/ ?) mais qui serait alors graphié en cet endroit de façon peu usuelle ; dans cette hypothèse, le déterminatif du canal remplace le signe du chemin habituel pour *ḏrw*.

b) *ḏd=t(w) n=sn* ; la présence du suffixe *=sn* indique que l'on a affaire à un nom pluriel ; pour *ww* singulier ou pluriel, voir *WPL*, 190.

c) Voir Commentaire.

d) *n [nty] jm=sn* ; ou « à [celui] qui est en eux ».

e) La lecture est très conjecturale ; lire *njw.t* ou *pr* ?

f) Ou « elle », le pronom suffixe (*f* ou *s*) n'étant pas assuré.

g) *m stj* <*n*> « à la vue de », « en face, devant, en présence de », avec le déterminatif de la pupille / œuf en lieu et place du signe usuel , ou pour *n*. Sans doute une confusion avec la graphie de *sṯy* « le parfum », déterminé par le signe de la « pustule ».

h) *nn jj~n=tw[=f] r sꜣṯw=f pn m sty* <*n*> *bṯnw jb (?) n jꜣwty.w* ; avec un signe proche du vase-*nou* pour *jb* ; pour *jb n*, *Alex* 77.0215 (*jb n nswt* « qui a la confiance du roi »).

19. (B) [...21c...] (E) médisant(s)[a] contre leur maître (et) s'emparant de son bien violemment [b]; ils ont transgressé le décret[c] qu'avait promulgué[d] ton père, ignorant (?) la puissance de ta Majesté[e], *jm*[f] *nn ḥr=k*. Ô notre maître, protecteur de tout (ce qui existe)[g], la faveur (d')Horus[h] t'appartient dans les Confins[i] des nomes, victorieux pour son père Osiris [...4,5c...] ordonnant [d'exécuter ?] ton massacre[j] parmi eux. Ton père t'a offert son bien jusqu'à la fin[k] [...3c...]

Notes

a) *ns bjn* « mauvaise langue » ; ou graphie de *nsw* « ouvrir la bouche (de façon hostile) », *ALex* 78.2223 ?

b) WPL, 57 ; pour *jṯj m jwḥ*, *Edfou* I, 426, 10 ; *infra*, l. 22 ; voir également *LGG* 2, 627c.

c) *th* « transgresser », David 2006, 28-29 ; pour la séquence *th wḏ / wḏ.t-nsw*, employée dans une tournure négative, voir la stèle de Piankhy, l. 142 et 144 (= Grimal 1981, 47*, 8 et 12 et 174, n. 518) ; *Tôd*, n° 45, 3 (*n th=sn wḏ.t=f*).

d) Cf. *m wḏ jrr~n ḥm=k*, stèle de Mendès, l. 24 (= *Urk*. II, 49, 11).

e) Litt : « ignorant cela, (à savoir) la puissance de ta Majesté » ; pour *bꜣw ḥm=k*, cf. *Urk*. IV, 889, 4 = Vernus 1995, 75 ; stèle de Piankhy, l. 148-149. Pour *ḫm* « ignorer », « ne pas reconnaître » (la légitimité de quelque chose ou de quelqu'un), Morschauser 1991, 59-60 (réf. B. Mathieu).

f) Impératif de *rdj* ?

g) *n nty <wn> nb*.w. Ou *n nṯ<r.w> nb.w* « de tous les dieux » ?

h) Le signe-mot du dieu est coiffé de la double couronne ; le rappel mythique de la suite du texte qui mentionne « son père Osiris » désigne Horus.

i)  pour  ; cf. *supra*, l. 14.

j) *wḏ=tw [jrt] šʿ.t=k* ; pour *šʿ.t*, Meeks 1999, col. 590.

k) *m-šꜣʿ* pour *r-šꜣʿ* ; *ʿrq* « la fin », WPL, 167 ; *ALex* 77.0709.

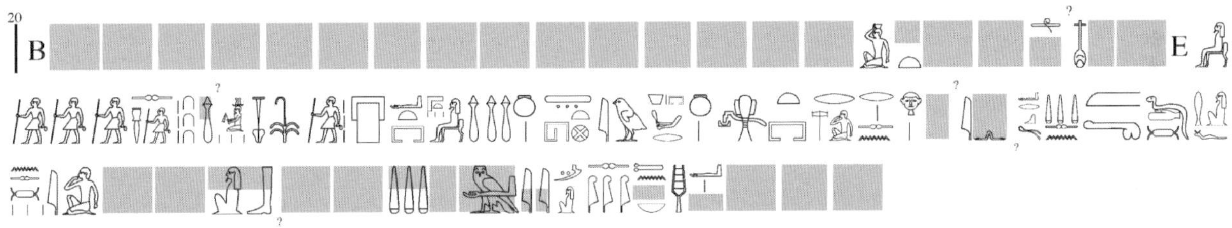

20. (B) [...14c...] *=f* [...3c...] *nfr* [...2c...] (E)[a] les grands, les notables, les membres des Trente, les anciens du palais, les membres du corps des fonctionnaires[b] (et) les grands de l'Égypte[c] [se rendirent][d] vers le lieu privilégié du palais pour prendre conseil[e] à propos de [...1c...] (ils) prêtèrent serment[f] devant <elle>[g]. Sa Majesté leur dit : « Ô [...4c...] les paroles. Faites (?)[h] que j'examine toutes vos doléances[i] ». Alors [...3c...]

Notes

a) Le premier signe conservé correspond au déterminatif d'un groupe de notables ; le même signe détermine les membres de la *qnb.t* peu après.

b) Pour le terme *qnb.t*, *infra* Commentaire.

c) *n Tꜣ-mry* qualifie l'ensemble des représentants. Pour *Tꜣ-mry*, voir Geoffret 2001 ; pour une acception plus abstraite, Derchain-Urtel 1992.

d) Un verbe de mouvement doit être restitué en début de séquence.

e) *nḏ-rꜣ*, *Alex* 79.1679.

f) *ʿrq* « achever » ; mais également « jurer, faire serment » (*ALex* 77.0711 ; Menu 1991= *BdE* 122, 1998, 27-42), seul sens retenu en démotique (Erichsen 1954, 66). La construction *ʿrq mdw* ne semble pas autrement attestée. La présence éventuelle d'une négation () précédent *ʿrq mdw* changerait radicalement le sens du passage.

g) Restitution d'un suffixe mais également possibilité d'un emploi adverbial de *m-bꜣḥ* ; cf. stèle de Piankhy, l. 112-113 (= Grimal 1981, 41*, 8 et 149, n. 458).

h) Les restes de signes suggèrent une possible lecture de l'impératif *[j]m* ; cf. p. ex. la stèle de Satrape, l. 9 (= *Urk*. II, 17, 9) : *jm rḫ=j bꜣ.w n nṯr.w P Dp*.

i) *mꜣꜣ* « surveiller, superviser, constater », *ALex* 77.1576 et 78.1696. Pour le sens donné à *sḫr.w*, voir Commentaire.

21. (B) [...21c...] (E) Harsiésis, les dieux et les déesses qui sont dans la Maison de la réjouissance, conformément aux écrits anciens[a]. Ils constituaient ces donations foncières[b], depuis le temps[c] des ancêtres[d] jusqu'à l'an 44 du roi de Haute et Basse Égypte (Amasis)|, et il existait un acte (de vente) (?)[e] advenu à leur sujet avec les gardiens du temple d'Héliopolis[f] au temps du [roi de Haute et Basse Égypte] (Da[rius])|[g]. On jugea à la porte[h] au nom[i] [de...3c...]

Notes

a) *mj n<t>y r sš jsw* (*Dendara* V, 113, 7-8 ; VII, 112, 1 ; CGC 22184, l. 25 = Kamal 1904-1905, 179) ; cf. *mj nty r jsw* (*Edfou* VIII, 111, 4) ; *mj nty r sš* (stèle de Mendès, l. 8 = Urk. II, 37, 13) ; *r nty m sš* (stèle de Mendès, l. 23 = Urk. II, 49, 5) ; *sš jsw m ḥꜣw n nsw Ḫwfw* (*Dendara* VI, 173, 10 : « les écrits anciens du temps du roi Khéops ») ; Volokhine 2005, 62-64. Pour la référence aux écrits et livres anciens dans l'évaluation d'un nouvel événement, voir Vernus 1995, 56-59 (« écrits anciens » ; « écrits des ancêtres » ; « annales des ancêtres »), 117-118 ; Loprieno 1998, 23.

b) *sꜣḥ*, *Wb* IV, 21, 21-23 ; *ALex* 79.2414 « terres attribuées » ; *WPL*, 792.

c) Haplographie du *r*.

d) La séquence, qui trouve de nombreux parallèles, assure la présence d'un substantif évoquant les ancêtres, dont la graphie reste pourtant, à ma connaissance, sans parallèle ; lire *ḥꜣy.w*, *Wb* II, 479, 1-3 ?

e) *jw wn swn(.t)* ; *swn.(t)* « prix (de vente) », « acte (de vente) » ; *Wb* IV, 68, 3-13 ; *ALex* 79.2473 ; avec ici un déterminatif inhabituel. Le terme est en usage en démotique, p. ex. *swn nꜣ sš-nsw* « le prix de la toile de byssus » ; Erichsen 1954, 414. Une alternative pourrait être envisagée, avec une lecture *swn* « savoir, connaître » (*Wb* IV, 69, 1 ; *ALex* 77.3447 ; suggestion que je dois à M. Chauveau). Dans ce cas, l'évocation de cette « connaissance » de l'existence des donations à Héliopolis aurait également pour but d'asseoir la revendification des prêtres d'Héracléion.

f) Dans le cas où le déterminatif collectif désigne l'ensemble de la séquence. On peut toutefois comprendre « le gardien du temple des Héliopolitains », ces derniers n'étant pas des divinités d'après le déterminatif ; non attesté chez Raue 1999. Voir *infra*.

g) Le cartouche se lit comme suit : *jnd[r]yw[š]* ; le second yod est peu distinct, proche d'un *tj*.

h) *wḏꜥ=tw m ry.t*. Pour *wḏꜥ-ry.t* « juger », van den Boorn 1985, 1-25 ; *WPL*, 289.

i) *ḥr rn* / *ḥr rn n*, *WPL*, 584.

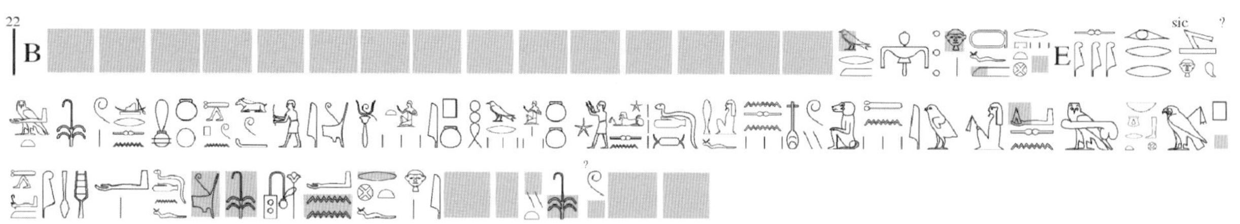

22. (B) [...*c.* 15c...] grand en argent en son nom[a] dans les temples[b] [...1/4c...] (E) (et) toutes les décisions[c] étant disponibles (?) pour lui[d]. Voyez[e], il (= le dieu / roi ?) est là contre eux aujourd'hui, (car) ces fonctionnaires ont saisi violemment[f] ces humbles qui adorent leur maître[g]. Sa Majesté leur dit : « Comme sont parfaites vos paroles[h]! Je vais les placer[i] en présence du maître de Gereb, [ce] dieu qui s'empare en triomphe[j]. Alors, Elle dit [au] scribe de la palette [royale][k]: « Que [l'on envoie le décret royal[l]...] ».

Notes

a) Aurait-on ici une inversion de la séquence *m r3-pr.w ḥr rn=f* « dans chaque temple » attestée dans les décrets trilingues (Daumas 1952, 28) ?

b) Ou peut-être faudrait-il lire *jr* au lieu de *wr* : *jr m ḥḏ [ḥr] rn=f m r3-pr.w*, ce qui laisserait également penser à un passage du décret de Memphis II (Rosette, R.8 = *Urk*. II, 191, 4) : le tabernacle *m ḏʿm mḥ m ʿ3.t nb n m3ʿ m r3-pr.w nb ḥr rn=f* ; également *Philensis* I, 10 = *Urk*. II, 208, 7.

c) Lire *sẖr.w jry* avec le premier *r* graphié *jr*. Le champ sémantique de *sẖr* est trop vaste pour prétendre en préciser le sens dans cette courte séquence.

d) *grg ḥr=f* ; le signe *grg* n'est pas sûr. Ou *ḥtp ḥr=f* « être satisfait de lui » ?

e) *mṯ(n)* ; cf. l. 24.

f) Litt. « C'est saisir violemment (qui est fait) par ces fonctionnaires de ces humbles » ; pour la construction V + *pw (jr~)-n* + S, Broze 1989, 44-45 (« Voici que S + V ») ; *n* pour *m*, dans la séquence *jṯ m jwḥ* (cf. l. 19).

g) Noter le signe du sphinx, présentant le sceptre-*nḫ3ḫ3* (cf. *infra*, l. 27), surmonté d'une étoile, dernière particularité que l'on rencontre à deux autres reprises (*supra*, l. 6 et 19).

h) Forme substantivée de *ḏd*, *Wb* V, 619, 13. Les valeurs phonétiques du babouin, liées au nom et aux épithètes du dieu Thot, ont été étudiées par De Meulenaere 1954.

i) *jw=j (r) rd.t sn*, allatif avec omission du *r* devant *rdj*. Ou à la place du suffixe *=j*, sujet nominal ? Ou *jw* / *r* lié à la séquence qui précède (« plus que... ») ?

j) Épithète qu'il est peut-être intéressant de rapprocher de celle d'Horus de Mesen « combattant, maître du triomphe » (*ʿḥ3-ʿ nb m3ʿ-ḫrw*) qui a également qualifié l'Amon de Tanis ; Zivie-Coche 2004, 105-106 ; LGG 3, 638c-639a.

k) Les traces subsistantes suggèrent un rapprochement avec le titre *sš ʿn nsw n ḫft-ḥr*, remis à l'honneur à l'époque saïte ; Ward 1982 ; en dernier lieu, Osing 1998, 179, n. v ; Jones 2000, 839-840 (3063) ; Grajetski 2000, 169-177 et 140 et n. 3. On remarquera cependant que notre texte présente un superfétatoire, probablement par contamination avec la préposition *r-ḫft-ḥr*.

l) Cf. *Urk*. II, 92, 12-13.

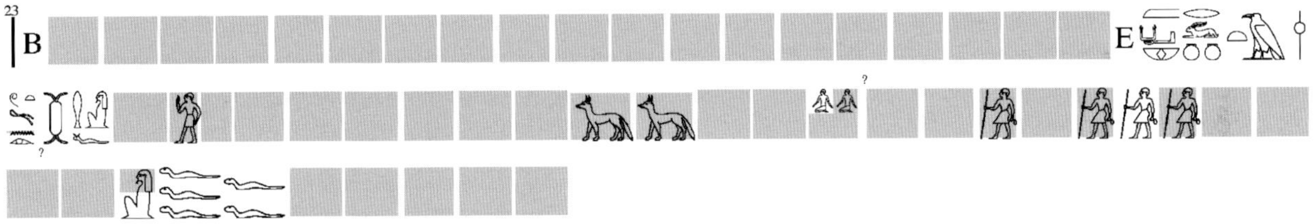

23. (B) [...19c...] (E) en fête, pour qu'existe [ce] décret qu'a promulgué sa Majesté[a] [...17c...] les grands [...5c...] les dieux [...5c...]

Note

a) *r wn t3 wḏ.t n (?) jr~n ḥm=f* ; le signe long placé avant le verbe *jrj* n'est pas clair.

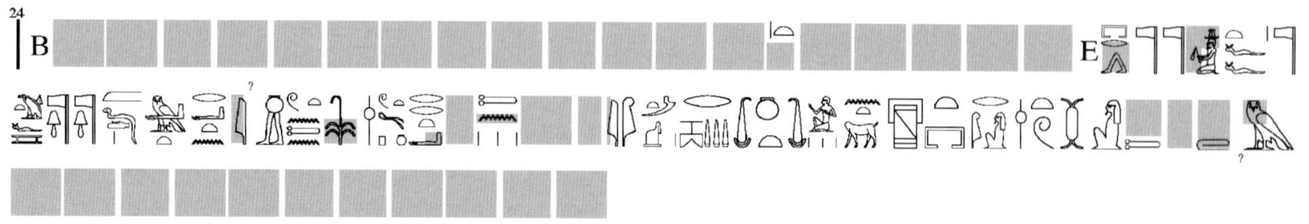

24. (B) [... les dieux Adelphes, les dieux Évergètes, les dieux Philopatôrs,] (E) les dieu[x] Épiphanes, le dieu Eupatôr, le dieu Philomètôr, les deux (*sic*) dieux Évergètes, disant : « Voyez, j'ai[a] fait que l'on vous apporte ce[b] décret royal pour faire que vous [l'affichiez (?)[c] à la porte de rendre] la justice[d] afin de prononcer les sentences[e]. Les membres du conseil[f] de la résidence étant à mes côtés[g], j'ai ordonné [...*c.* 14c...]

Notes

a) Probablement un simple yod dans la graphie de *jnj* ou pour le pronom suffixe 1re personne singulier.

b) *pn* est sûr ; cf. l. 24 : *tꜣ wḏ.t* l. 23.

c) *r rdj.t [ꜥḥꜥ]⸗ṯn* ; *rdj ꜥḥꜥ* ou *sꜥḥꜥ* dans les décrets trilingues.

d) Lire *[rw.t-d]j-mꜣꜥ.t* avec une graphie inattendue ? Derchain 1995, 2 (avec bibliographie antérieure ; voir *infra*). Ou *s.t r wḏꜥ-mdw* « la place pour juger ».

e) *wḏꜥ mdw* ; Morschauser 1991, 72-74.

f) *ALex* 77.5155 ; 78.4876 ; 79.3623 ; *WPL*, 1222-1223 ; David 2006, 120. Cf. *wḏ.t-mdw m ḏꜣḏꜣ.t* (*Porte d'Évergète*, pl. 41, *Randzeile* divine).

g) *r-gs⸗j* ; préférable à *jr(⸗tj) mꜣꜥ.t* « ayant accompli la justice ». Pour la graphie de *r-gs*, voir p. ex. BM EA 886, l. 9 = Reymond 1981, 142.

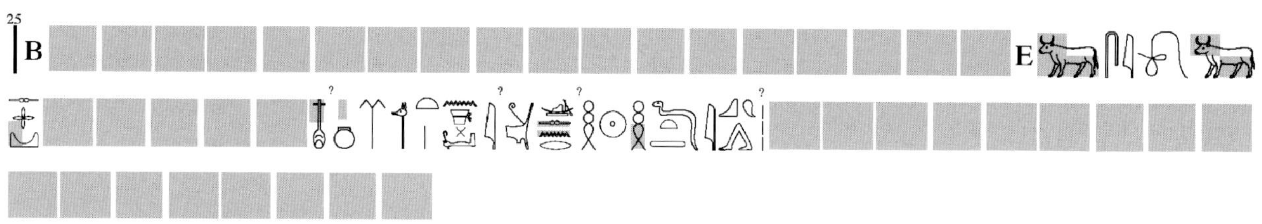

25. (B) [...18c...] (E) ses bovins, ses bœufs (à longues cornes), [ses] bœufs (à petites cornes)[a] [...6c...] auparavant, saisir (?)[b] éternellement et à jamais. (?) [...*c.* 16c...]

Notes

a) La restitution de *wnḏw* est assurée par le contexte ; sur les deux sortes de bovidés, Grandet 1994, vol. 1, 227 et vol. 2, 20, n. 83 ; Postel, Régen 2005, 245-246, n. i et k (n. 74).

b) Sur la pierre, le yod / *tj* est peu soigné ; peut-être faudrait-il comprendre *nḏr⸗sn jm⸗sn* ; *nḏr* + *m*, « s'emparer au moyen de », ou « saisir quelque chose », *WPL*, 569.

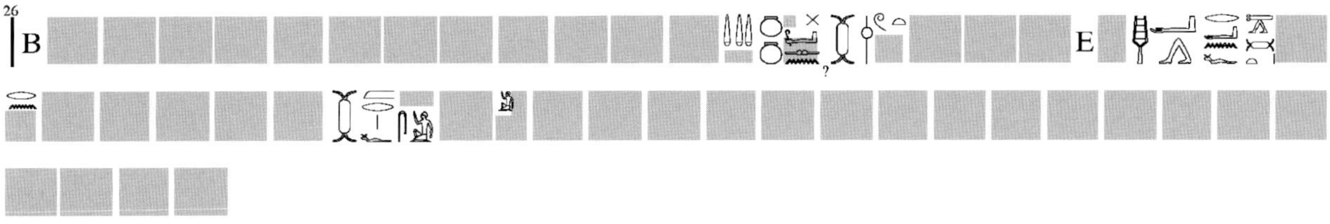

26. (B) [...*c.* 12...] ces paroles puissantes (?)[a] [...] du décret [...3,5c...] (E) [...1/2c...] alors, il fit que l'on s'empare [...7c...] *n* de sa bouche[b] [...*c.* 21c...]

Notes

a) Comprendre *[wḏ]-mdw nn nḫt[⸗sn] n wḏ.t* « ordonner cela : leur droit d'asile du décret » ? Pour *nḫt* « protection, asile », Chauveau 1986, 23-24 (col. 3, 1) ; von Woeß 1923, 99-100.

b) Comprendre *n<ty> m rꜣ⸗f* « qui est dans sa bouche » ?

27. (B) [...*c.* 20c...] (E) devant (?) leur maître Amon-Rê (?), Mout [...*c.* 24c...]

28. (B) et (C) [entièrement perdu]

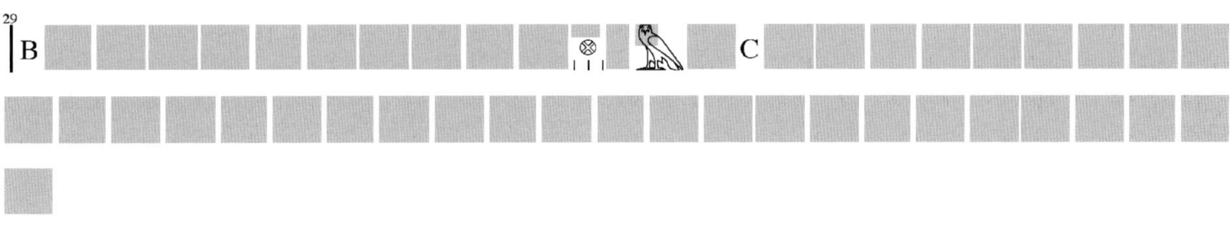

29. (B) [...11c...] les villes (?) [...2c...] (C) [...]

30. (B) [...9c...] avec assurément (?)[a] [...3c...] (C) [...]

Note

a) Restituer *ḥnʿ ꜣy*, comme l. 15 ?

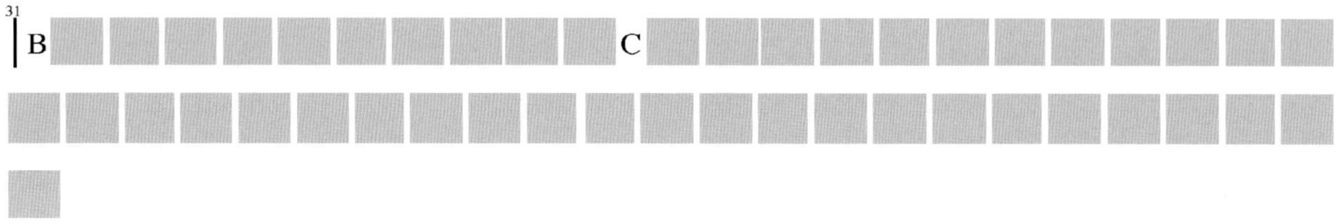

31. (B) et (C) [entièrement perdu]

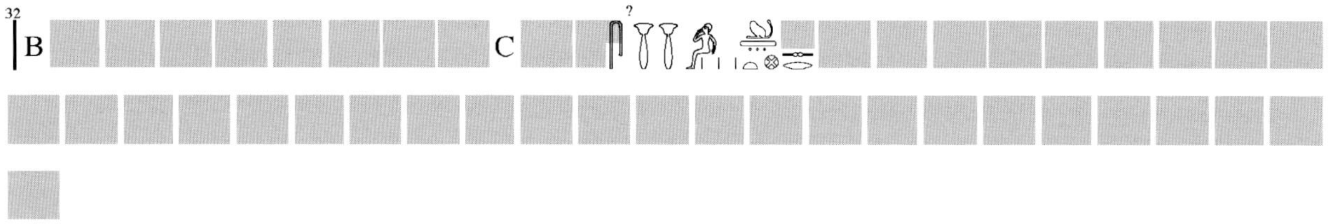

32. (B) [...8c...] (C) donner vigueur (?)[a] aux enfants (des) confins du pays [...]

Note

a) Restituer *[s]wꜣḏ* ?

33. (B) [...] (C) [...traces...]

Ligne de séparation suivie d'une dernière ligne de texte ?

3. Commentaire suivi

La traduction qui vient d'être proposée est fondée sur des lectures difficiles, souvent peu assurées, d'un texte en grande partie perdu. En conséquence, l'essai de synthèse qui suit ne peut aucunement être considéré comme définitif.

3.1 Éloge royal

Comme il est d'usage dans les textes émanant de prêtrises locales, la stèle débute par le protocole du souverain régnant (l. 1), suivi d'un développement mettant en exergue les qualités traditionnelles du Pharaon, protecteur des dieux et des hommes, guerrier et nourricier. Cet éloge royal, qui occupait les lignes 2 à 11 est en grande partie détruit mais on y retrouve les *topoi* qui caractérisent ce « genre littéraire ».

Évergète II est mis en relation étroite avec des divinités locales et nationales que, malheureusement, les difficultés de lecture ne permettent pas d'identifier avec certitude : Mout, Tenen, Thot, Mon[tou], Chentayt[30] et Ouadj[yt (?)].

Les bribes des lignes 3 et 4 insistent sur la légitimité royale, héritée de son père, même si Évergète II a succédé à son frère Philomètôr mort en 145. L'aspect nourricier du souverain est également mis en avant : il est celui « qui fait vivre le Double Pays avec ses champs » (l. 3).

Les qualités guerrières d'Évergète II devaient occuper une large part de cet éloge ; on verra la ligne 5 où le roi est celui « qui soumet les Bédouins » mais surtout la ligne 8 –qui n'est consacrée qu'aux qualités guerrières du Pharaon– et le début de la ligne 9. Comme il est d'usage, Évergète II lutte farouchement contre les ennemis, assimilés à Seth (« Celui qui hurle », l. 8) et il est ainsi un nouvel Horus (« l'image rajeunie [de] Celui dont la peau est resplendissante », l. 9). Dans le contexte rédactionnel de cet éloge royal, cet aspect ne doit pas être sans relation avec les caractéristiques violentes de Khonsou, dans son rôle d'opposant aux émissaires malfaisants[31].

Un passage fort dégradé (l. 7) fait également état des bateaux gyblites[32], *topos* de cette littérature vantant la dynastie lagide, dont les bases du pouvoir sur la Méditerranée orientale ont été établies grâce à une puissante marine.

Le rôle de protecteur des sanctuaires et des dieux égyptiens, traditionnellement dévolu au roi, est enfin noté[33] : il est celui « qui illumine les sanctuaires du Double Pays, qui les sanctifie avec l'or de cette terre (?), qui agrandit leur territoire, qui donne en plus [de ce qui existait auparavant], qui met les dieux en fête » (l. 10).

La ligne 11 semble clore l'éloge royal. On relèvera la mention de la Maison de la réjouissance dans laquelle le roi semble s'être rendu pour prendre soin des dieux.

Notes

30. En dernier lieu, Coulon 2003, 144, n. 1 (pour la bibliographie).
31. La férocité de Khonsou est sa caractéristique première dans les Textes des Pyramides et des Sarcophages ; voir également *Edfou* I, 270, 13-14 ; Posener 1965, 343 ; Posener 1966a, 339-340 ; voir Gutbub 1973, 202, n. p.
32. Pour les navires gyblites à l'époque ptolémaïque, voir Jones 1988, 148-149, n° 79 ; ajouter Darnell 1992 (en particulier 88) ; Bradbury 1996 (53- *Kbn.t*-trirèmes) ; Meeks 1997, 178 ; Thiers 2007, 25-26, n. 17 (avec bibliographie).
33. Voir Loprieno 1998, 20-21.

3.2. Récit historique

La ligne 12 constitue la transition entre l'éloge royal et le récit proprement dit. Elle évoque encore les bienfaits prodigués par le roi envers les sanctuaires égyptiens.

La ligne 13 nous apprend que le Lagide s'est préoccupé de la statue du dieu Amon-Rê, amenée vers la « Thèbes du Nord ». Ce toponyme peut désigner plusieurs villes du Delta, considérées comme les répliques de Thèbes de Haute Égypte. On songe en premier lieu à Diospolis Kato-Tell el-Balamoun (Sema-Behedet), capitale de la 17e province de Basse Égypte[34]. Mais la cité de Tanis était également considérée comme une Thèbes du Nord, et cela dès le règne de Nectanébo Ier (stèle Louvre C.318)[35]. Et l'on ne peut manquer d'évoquer la statue Yale University Art Gallery 2.1.1953 dont le propriétaire assurait de nombreuses charges sacerdotales, en particulier des prêtrises amoniennes, à Héracléion et à Tanis[36].

L'épithète d'Amon-Rê, « roi des dieux », est également calquée sur l'épithète thébaine majeure du dieu et elle ne permet pas de trancher entre les deux localités –Tell el-Balamoun et Tanis– qui abritaient un culte de l'Amon thébain. Dans le contexte géographique de notre document, il est séduisant de préférer Tell el-Balamoun, considéré comme la limite septentrionale du territoire égyptien[37]. Un autre élément, d'ordre théologique, vient à l'appui de cette solution : dans les temples ptolémaïques et romains, une des caractéristiques de l'Amon de Sema-Behedet est d'être un dieu qui assure la réunion des plantes héraldiques de la Haute et Basse Égypte[38]; il devient le protecteur du jeune Horus, à l'abri des marais, et entre ainsi dans un processus qui confère la légitimité au souverain[39], rôle également dévolu au temple d'Héracléion (*infra*).

Ce transport de la statue d'Amon fait inévitablement songer au déplacement processionnel du dieu lors d'une fête ou d'une cérémonie particulière à laquelle Évergète II aura participé. Le déplacement des statues divines est en effet essentiellement attesté dans ce type de circonstances[40]. Ainsi, à l'occasion d'une sortie processionnelle et d'une navigation d'Amon, la légende relative à la reine Hatchepsout précise : « Accompagner le dieu dans ses déplacements »[41]. Le vocabulaire habituellement utilisé privilégie les verbes *prj* « sortir » et *ḫꜥj* / *sḫꜥj* « sortir en procession »[42], alors que le verbe

Notes

34. *GDG* 1, 178-179 ; Guermeur 2005, 202-245 ; Razanajao (inédit), 233-237.

35. Brissaud 1997, 21 et 25 ; Brissaud *et al.* 1998 ; Zivie-Coche 1998, 455 et 484 ; Zivie-Coche 2000, 389-390 ; Zivie-Coche 2004, 29-30 ; Guermeur 2005, 285-287.

36. Guermeur 2005, 146 et 295 (avec bibliographie) ; le personnage, qui était diœcète / *senty* (Yoyotte 1989, plus particulièrement 74-75 et 82), a été jusqu'à présent daté du règne de Ptolémée Évergète II ; il faut pourtant renoncer à cette datation ; l'étude en cours menée par les soins de David Klotz (Univ. Yale) attribue de façon convaincante la statue Yale University Art Gallery 2.1.1953 au règne de Ptolémée Épiphane.

37. Thiers 1997a, 255, n. c.

38. P. ex., *Edfou* V, 24, 1-2 : « Car tu es celui qui lie les plantes-*ouadj*, qui ficelle les plantes-*nestiou*, qui unit les Deux Terres en une seule » ; Guermeur 2005, 232.

39. Guermeur 2005, 245.

40. Même si d'autres situations, plus exceptionnelles, sont connues ; on songera à la statue thébaine de Khonsou-*pꜣ-jr-sḫr*, envoyée dans le pays de Bakhtan pour guérir la princesse Bentresh ; Broze 1989, 50-54.

41. *šms-nṯr r jw.w=f* ; Lacau, Chevrier 1977-1979 vol. 1, 166-167, § 219 et 221. On verra également la stèle de Piankhy, l. 25-26 (fête d'Opet).

42. C'est l'usage le plus fréquent, notamment dans un contexte oraculaire (*infra*) ; Coulon 2001, 105 ; Demichelis 2002, 42.

jṯj apparaît plus rarement[43]. En outre, on rappellera que les déplacements d'Amon entre deux localités sont attestés à travers l'anthroponyme « Amon est venu », qui commémorerait « le fait que l'enfant est né le jour de l'arrivée du dieu dans le temple de la localité ou dans celui de la ville voisine »[44].

Le décret de Canope (grec, l. 51-52) mentionne la venue de la statue d'Osiris depuis le temple d'Héracléion jusqu'à celui de Canope, situé à quelques kilomètres :

> « *La remontée de la barque sacrée d'Osiris jusqu'à ce sanctuaire (= Canope) se fait chaque année à partir du sanctuaire de l'Héracléion, le 29 (du mois) de Choiak, tous les prêtres des sanctuaires de premier ordre célébrant des sacrifices sur les autels qu'ils ont élevés en faveur de chacun des sanctuaires de premier ordre sur les deux côtés de la route* »[45].

Si la mention qui nous occupe fait bien référence à une sortie processionnelle du dieu, depuis son temple d'origine jusqu'à Sema-Behedet (voir *infra*), elle témoigne donc de l'existence de liens théologiques étroits entre ces deux cités amoniennes. Bien que la localisation du temple qui abritait la statue ne puisse être fixée avec certitude, le contexte rédactionnel laisse supposer qu'il s'agit d'Héracléion. Et il est alors tentant de mettre en relation ces données avec ce que l'on sait du rôle joué par Amon-Rê d'Héracléion, légitimant les souverains lagides dans sa Maison de la réjouissance[46], étroitement associé à Khonsou-Héraclès ancêtre de la dynastie alexandrine[47]. Un déplacement vers une localité, réplique de Thèbes, pourrait dès lors être assimilé à une visite de la capitale dynastique de Haute Égypte.

À l'occasion de cette sortie du dieu un événement important a lieu. La barque d'Amon rend un oracle ; la séquence *nʿy m-[ḥr(=f)]* est en effet caractéristique des procédures oraculaires mettant en jeu la barque divine portée par des prêtres[48]. En outre, la présence possible de la séquence *prt r bjꜣy.t* (« sortir pour rendre l'oracle ») confirme le sens à donner au passage, malheureusement émaillé de lacunes qui empêchent de saisir le sujet de l'approbation divine.

Le début de la ligne 14 évoque la venue d'Évergète II, revêtu des insignes sacerdotaux (*ẖkr. w=f nty wʿb*), dans « le sanctuaire de tous les dieux ». A-t-on ici un *topos* relatif aux prérogatives royales ou bien –ce que la focalisation du récit et la suite du texte pourraient étayer– une allusion à la venue du Lagide dans une salle particulière du temple (ou du téménos) d'Héracléion ? Dans le premier cas, nous aurions une évocation de la grande prêtrise du roi et des bienfaits qu'il dispense (blé de Basse Égypte) annuellement aux dieux égyptiens (*infra*). Dans le second cas, on se demandera ce que pourrait être le « sanctuaire de tous les dieux » à Héracléion, d'autant que la fin de la ligne signale le dieu local, Amon-Rê « maître de l'eau ». Avait-on, dans le temple d'Héracléion,

Notes

43. P. ex. dans les rituels osiriens de khoïak à Dendara (*Dendara* X).
44. Vergote 1954, 23.
45. Stèle de Kôm el-Hisn (Caire CG 22186), l. 41-43 ; d'après Bernand, A. 1970 vol. 3, 995 ; Guermeur 2005, 144-145 (avec bibliographie). Nouvelle édition commentée de ce document par Pfeiffer 2004 ; et voir en dernier lieu le nouveau fragment découvert à Bubastis, Tietze et al. 2005, 26.
46. Voir Yoyotte 2004, 36-38 et 40 ; également *infra* (l. 17) ; *WPL*, 354.
47. Théocrite, *Idylles* 17.26-27 ; Huttner 1997.
48. Kruchten 1997, 62-63 ; après Černý, dans Parker 1962, 44-45.

un sanctuaire dédié aux dieux égyptiens (ou aux seuls dieux de la région), placé sous la férule d'Amon-Rê, roi des dieux ?

Les bienfaits octroyés aux temples par le souverain trouvent un nouveau témoignage, en particulier avec l'attribution annuelle de blé aux dieux en général et, possiblement, en particulier au « dieu, maître de l'eau », c'est-à-dire Amon. De nombreux documents attestent de cet intérêt accordé aux temples[49] et le nombre conséquent de programmes architecturaux et décoratifs, poursuivant des entreprises des règnes précédents ou totalement nouveaux, est une caractéristique du règne[50]. Soucieux de ne pas s'exposer à une opposition des prêtres, Évergète II a constamment fait montre d'un intérêt pour les dieux égyptiens[51]. Cette politique d'ouverture à l'égard des temples et des clergés était déjà manifeste dans la capitale de la Cyrénaïque lorsque, encore surnommé Ptolémée le Jeune, le futur Évergète II régnait sur cette province (163-145)[52].

Dans les lacunes du début de la ligne 15 apparaît la première mention d'un décret. La suite du texte fait état d'une action attribuée aux ancêtres du roi. À l'aide d'une succession d'indications topographiques, cet épisode est localisé sur le sol sacré d'un temple sur les franges littorales du Delta ; il est sans nul doute fait référence à un téménos d'Héracléion dont on souhaite ainsi souligner l'antiquité de la fondation et des visites rendues par les ancêtres dynastiques (ou plus généralement les pharaons égyptiens), mais peut-être également de son droit d'asile en insistant sur la sacralité du territoire (*infra*). Le lieu est situé « dans les confins des nomes des dieux, à l'horizon occidental, dans cet espace ouvert aux confins du pays, sur le [bord] de la mer », localisation qui sied parfaitement à Héracléion. Une dernière précision souligne la proximité d'un tombeau divin (« en face de la tombe [53] des dieux et des déesses »), ce que vient renforcer peu après la présence d'Isis[54], de Nephthys et d'Osiris, si l'épithète « Âme grande » qualifie bien le dieu des morts. On se rappellera la mention de la « veuve » Chentayt dans l'éloge royal (l. 3) ; la présence des trois déesses fait inévitablement référence à des rites osiriens, qui pourraient également jouer un rôle dans le processus de légitimation royale. En effet, la mention d'Isis et de Nephthys (également l. 16) n'est pas sans évoquer des rites de transmission du pouvoir, tels qu'ils sont attestés, par exemple, dans la « stèle de Pithom », datée du règne de Ptolémée Philadelphe[55]. Si ce sont les ancêtres lagides qui pénètrent dans l'espace

Notes

49. *C.Ord.Ptol.*, n°s 51-52 (temple d'Isis à Philae) = *IG Philae*, n° 19 = Nadig 2007, 98-101 ; Huß 1994, 120 et n. 306. *C.Ord.Ptol.* n° 47 (*p.Teb.* I, 6) : lettre d'Évergète II et de ses deux épouses (an 31 = 139) garantissant les revenus des temples ; Bagnall, Derow (éd.) 2004, 273-274, n° 139.
50. Minas 1996 et 1997 ; Huß 1994, 33-35 ; Hölbl 2001, 257-271 ; Gallet 2001 ; Thiers 2003. On notera cependant qu'à l'exception d'un bloc provenant de Xoïs (Guermeur, Thiers 2001, 199, doc. 6), l'activité architecturale et décoratrice dans les temples égyptiens n'est attestée qu'en Haute Égypte ; Thiers 1997b, vol.1, 221-304 et 2, 522-532.
51. Huß 2001, 618-619 ; Mélèze-Modrzejewski 1975, 699-700. En dernier lieu, Bingen 2002.
52. On sait qu'il assuma la prêtrise d'Apollon et augmenta les dons octroyés aux anciens prêtres lors d'un banquet annuel ; il mit également en chantier des constructions à Cyrène (Ptolémaion) et à Ptolémaïs (mausolée du roi) ; Laronde 1987, 442-444.
53. Si l'on accorde à *mʿḥʿ.t* cette acception courante plutôt que celle de « chapelle ».
54. Selon le *p.Oxy.* n° 1380, l. 61-62, dans le temple d'Héracléion, Isis était « la maîtresse de la mer ».
55. Pithom, l. 27 = *Urk.* II, 104, 6-9 ; Thiers 2007, 79.

sacré, on aurait là un indice supplémentaire de l'accomplissement d'un processus de légitimation royale à Héracléion dans le temple d'Amon-Gereb[56] .

C'est bien ce thème de la transmission du pouvoir qui est évoqué au début de la ligne 16, faisant alors vraisemblablement écho au rôle d'Amon-Gereb accordant la royauté aux Lagides dont l'ancêtre n'est autre qu'Héraclès. Et la suite du texte met en relation Khonsou avec les îles de la mer, dans un passage dont la construction renvoie aux jeux allitératifs explicitant les attributions du dieu[57] : Khonsou « le voyageur » est celui qui « parcourt le Double Pays », « qui parcourt la terre », « qui parcourt les îles » (*ẖns rw.w*), « qui parcourt les îles centrales » (*ẖns jw.w ḥrj.w-jb*)[58], « qui parcourt les îles du Noun » (*ẖns jw.w Nww*)[59]; si le lien avec les « îles de la mer » est, semble-t-il, nouveau, il s'inscrit donc dans un thème bien attesté[60]. À titre d'hypothèse, on supposera que l'on a là, à travers ce jeu allitératif et l'équivalence Khonsou-Héraclès connue depuis longtemps à l'époque d'Évergète II[61], une référence au mythe du héros grec, « dieu de la colonisation et des errances méditerranéennes »[62]. Et on sait que ce mythe a été utilisé ailleurs pour fonder des ambitions expansionnistes[63]. N'aurait-on pas une allusion à l'épopée de Khonsou-Héraclès au service des prétentions lagides en Méditerranée orientale – ou plutôt un rappel de leurs heures de gloire ? En effet, à cette époque, de telles prétentions sont oubliées, à l'exception encore de Chypre, dernier lambeau de la puissante thalassocratie lagide[64], île dont on sait l'importance fort ancienne dans la diffusion du mythe d'Héraclès[65]. Cette mention de la pérégrination à travers les îles de la mer ne serait-elle pas, en dernière hypothèse, une allusion à la propre histoire mouvementée d'Évergète II, soit entre 163 et 145 (séjour à Rome, installation à Cyrène, tentative de prise de pouvoir à Chypre)[66], soit lors de son exil à Chypre en 131-130[67]?

Notes

56. Yoyotte 2001, 30-31 ; Yoyotte dans Goddio, Clauss (éd.) 2006, 126-127 (117) ; Guermeur 2005, 147-148. Cf. à Imet, Meeks 2006, 306-307.

57. En particulier *Edfou* I, 269, 14-15 et Kamal 1902, 234 ; Posener 1965, 342-343 ; Gutbub 1973, 202, n. o ; Mendel 2003, 138 (28-29) et 140, n. g.

58 Posener 1966b ; Gutbub 1973, 202, n. p. ; *Urk*. VIII, n° 72d (*ẖns jw.w pẖr spꜣ.wt*). Pour l'équivalence entre *jw.w* et *rw.w*, voir Posener 1966b, 115, n. 8 et *ALex* 78.2380.

59. *Edfou* VI, 101, 10.

60. En outre, existe-t-il un lien avec le nom du canal-mer *ẖns*  de la 3e province de BE (p. ex. *Edfou* I, 330, 12 ; II, 182, 4 ; IV, 23, 9 ; V, 15, 3 ; *GDG* 4, 177-178) ?

61. Yoyotte 1997 ; Yoyotte dans Goddio, Clauss (éd.) 2006, 122-130. Voir également les serments grecs prêtés à la porte du temple de Khonsou à Karnak, où le dieu est Héraclès ; Quaegebeur 1993, 204 et n. 21.

62. Yon 1992, 160.

63. Jourdain-Annequin, Bonnet 2001, 210-211 : avec le cas de la « version «coloniale» du mythe, destinée à appuyer le dynamisme expansionniste de Sélinonte vers son arrière-pays ».

64. Huß 2001, 617. En reconnaissance à l'égard des forces armées chypriotes pour leur participation à la prise de pouvoir en 145, Évergète II leur accorde des privilèges (*C.Ord.Ptol.*, nos 41-42 ; voir Lenger 1956 ; Piejko 1987. Plus tard, l'île accueille Évergète II et Cléopâtre III de 132/131 à 131/130, lorsque Cléopâtre II prend le pouvoir à Alexandrie. Le Lagide fonde sa reconquête de 129 sur une flotte et des mercenaires réunis à Chypre.

65. Jourdain-Annequin, Bonnet 2001, 203-205 ; Yon 1992.

66. Chauveau 1997, 16.

67. Je suis redevable de cette hypothèse à M. Chauveau. On aurait là un élément probant de la volonté de filiation entre Évergète II et Héraclès, les voyages méditerranéens de l'un étant rapprochés de l'épopée de l'autre.

Par la suite, le texte semble préciser que la légitimité du roi est soutenue par Khonsou, dont on apprend qu'« il a salué les deux sœurs », Isis et Nephthys et probablement d'autres dieux. La fin de la ligne est confuse.

À ligne 17, après la mention d'une donation de terrain[68], le texte poursuit par l'évocation de bienfaits en l'honneur de la déesse Mout (?), installée dans sa nouvelle (*n-mȝwt*) demeure. Il s'agit donc de la construction d'un nouveau temple ou de la remise en service d'un culte et d'aménagements dans un sanctuaire consacré à cette déesse.

On apprend qu'Évergète II, en l'an 26, au mois d'*epiphi* (III. *chemou*), s'est rendu à la Maison de la réjouissance pour augmenter la grande offrande destinée au dieu local, Khonsou. Si l'on exclut Péluse en 129 (Justin, 39.1.3), aucune visite dans le Delta n'était jusqu'à présent attestée pour ce règne[69]. Une attestation supplémentaire d'un déplacement dans la *chôra* n'aurait rien de bien original et s'apparenterait aux autres visites dans les temples égyptiens, soulignant l'intérêt des Lagides pour les *res religiosae* égyptiennes et leur recherche de soutien auprès des clergés indigènes; la proximité de la capitale alexandrine atténuerait également la portée d'une telle visite. Pourtant, bien que fragile (*ḥȝ.t-sp (?) 26*), cette donnée chronologique constitue un élément de premier plan à verser au règne d'Évergète II. En effet, le III. *chemou* de l'an 26 se situe entre le 25 juillet et le 23 août 144, soit un an jour pour jour après l'arrivée sur le trône alexandrin du Lagide, en juillet/août 145. On sait en effet que le roi fit débuter son comput royal en 170 (= an 1), début de sa corégence avec son frère. En 145, après la chute mortelle de Philomètôr sur les bords de l'Oinoparas, Évergète II, seul prétendant au trône, succède à son frère, « avec l'assentiment général et parce qu'il n'existait pas d'alternative dans la situation périlleuse ouverte par la mort du roi en Syrie »[70]. Toute légitime qu'elle fût, cette prise de fonction inattendue dut susciter quelques réticences, d'autant que le nouveau souverain n'était pas un inconnu du peuple alexandrin. Ainsi donc, cette visite à Héracléion en l'an 26 trouve une explication des plus séduisantes si on la replace dans le cadre spécifique dévolu à la Maison de la réjouissance, intimement liée au processus de légitimation royale. En ce début de règne, les conseillers d'Évergète II durent lui recommander de s'attacher le soutien des prêtres d'Héracléion, proches voisins de la capitale alexandrine. C'est dans ce même contexte, si l'on en croit Diodore (33.13), qu'après avoir « pacifié » Alexandrie, Évergète II se rendit à Memphis, en 144, pour y être couronné selon les rites égyptiens[71].

Au cours de cette visite, le roi est sollicité mais le texte ne nous apprend pas par qui et pour quelle raison (voir *infra*). Le sens neutre accordé à *smj=tw m-bȝḥ* (« un rapport fut fait par les [...] royaux devant sa Majesté ») peut également être précisé si l'on considère que *smj m-bȝḥ* signifie également

Notes

68. *ḥnk ȝḥ.t* ; pour l'emploi privilégié du verbe *ḥnk* dans le cadre des donations de terres, voir Meeks 1979, 625.

69. Clarysse 2000, 49.

70. Chauveau 1990, 168.

71. D'après un ostracon des archives de Hor, on sait également que Philomètôr se rendit à Memphis en 168, immédiatement après la rencontre d'Éleusis ; Ray 1976 n° 3, v° 20-21.

« se plaindre »[72], acception que l'on retrouve avec le démotique *smj*, copte ⲥⲙⲙⲉ rendant le grec ἔντευζις[73].

La ligne 18 rappelle une visite effectuée par « le roi de Haute et Basse Égypte (Ptolémée)|, le dieu Philopatôr », le quatrième Ptolémée (221-205), dans les provinces septentrionales du Delta. On sait que Philopatôr s'est rendu à plusieurs reprises dans des cités de la *chôra*, et en particulier dans le Delta[74]. Il a ainsi visité Phacous (*SB* XII, 10867), Péluse en 219 et Bubastis en 218 (*p.Frankf.* 7, col. I, 10-12). Les visites à Memphis en 219/218 (Polybe 5.62.4 ; 63, 7 ; 66, 4-9) et en novembre 217, après la bataille de Raphia (Memphis I) sont moins pertinentes pour notre propos[75]. Cette nouvelle mention vient enrichir le dossier concernant l'intérêt porté par Philopatôr aux temples égyptiens[76]. Au cours de sa visite, il accorde un (re)versement d'impôt[77]. Après une lacune, il est fait mention de « Khonsou (et) des dieux et des déesses qui sont dans la Ville / temple (?) du Nord », probablement les divinités liées au temple en question. Situé sur les franges septentrionales du Delta, ce temple est désigné comme le « Temple de l'acacia » *tꜣ ḥw.t-šnṯ* < *šnḏ*, déterminé par le signe à la place de l'habituel ; on sait que l'acacia (avec le sycomore) était l'arbre sacré de la 7ᵉ province de Basse Égypte[78]. Le déterminatif du canal associe ce temple à un milieu aquatique, tout comme le territoire-*ww* de lecture incertaine, dont il n'est qu'une désignation secondaire. L'acacia est également vénéré dans la 17ᵉ province de Basse Égypte, à travers la désignation « Mout-l'acacia »[79]. Ce rapprochement pourrait être confirmé par la mention de la « Ville / le temple du Nord », *njw.t mḥw* étant une désignation bien connue de Sema-Behedet. La lecture du passage demeure pourtant très conjecturale et rien n'assure que l'action ne se situe pas toujours dans la région d'Héracléion.

Dans un passage obscur, la fin de la ligne 18 évoque un ennemi, « un rebelle qui avait la confiance (?) des fonctionnaires ».

La ligne 19 semble faire écho à un conflit antérieur au règne d'Évergète II, si le pronom suffixe *=f* se réfère bien au souverain lagide. Des rebelles (voir l. 18) auraient « transgressé un ordre / décret »

Notes

72. Vernus 1980, 229, n. aq.
73. Erichsen 1954, 432 ; Crum 1939, 337a. Le substantif *tbḥ* « requête » < verbe « supplier, demander » (Erichsen 1954, 624), copte ⲧⲱⲃϩ (Crum 1939, 402b), sert également à traduire *enteuxis* ; voir Canope, dém. l. 13 : *jw=w tbḥ=s m-bꜣḥ Pr-ꜥꜣ [jrm] tꜣ Pr-ꜥꜣ.t* (Simpson 1996, 234-235 : « making a petition before the King and Queen ») ; hiéro. l. 24 : *jw=sn ḥr nḥ m-bꜣḥ nsw ḥnꜥ ḥqꜣ.t* (*Urk.* II, 143, 7).
74. Clarysse 2000, 46.
75. Thompson 1988, 149-150.
76. Si l'activité architecturale et décoratrice dans les temples de Haute Égypte est privilégiée, le Delta fournit quelques attestations, à Thmuis (bloc), Tanis (quatre dépôts de fondation d'une plateforme) et à Alexandrie (un temple consacré à Sérapis et Isis ; un temple d'Harpocrate dans le Sérapéum ; et un temple consacré à Isis) ; Huß 1994, 30 ; compléter par Thiers 1997b, vol. 1, 121-165 et 2, 505-509 ; ajouter le temple de Taposiris Magna (dépôt de fondation).
77. Cf. p. ex. le reversement d'un impôt royal aux temples par Philadelphe ; stèle de Mendès, l. 17-18 (= *Urk.* II, 44, 16-45, 6).
78. *Edfou* I, 332, 1.
79. *Edfou* I, 334, 17 ; l'arbre-*ished* apparaît en seconde position. Pour Mout, parèdre d'Amon à Sema-Behedet, voir p. ex. *Edfou* V, 100, 7 ; *MamDend* 103, 7 ; également *Edfou* VI, 41, 10 : « <Sema>-Behedet chargée de ce qui s'y trouve et le Temple de Mout () chargé de ce qui en provient » ; Razanajao (2000), 240.

promulgué par son père, c'est-à-dire Ptolémée Épiphane. On se souviendra que déjà, dans le décret de Memphis II, les prêtres rappelaient les troubles ayant agité l'Égypte au temps du père d'Épiphane, c'est-à-dire Ptolémée Philopatôr[80]. Le règne d'Épiphane a été marqué par la répression de plusieurs révoltes, dans le Sud[81] mais également dans le Delta avec la prise de Lycopolis du nome Bousirite[82]. En outre, les deux décrets de l'an 23 (183/182) signalent une autre révolte en Basse Égypte, réprimée par le général Aristonikos, sur la frange septentrionale du Delta, à Diosposlis Kato (Balamoun)[83]. Dans le contexte de notre document où la ville de Balamoun paraît de plus en plus liée à celle d'Héracléion, il serait séduisant de penser que le passage fait référence à cet épisode.

On ne peut pourtant manquer de se demander si la transgression dont il est fait mention ne doit pas être mise en relation avec la violation d'un décret d'asylie, promulgué (ou renforcé) sous Épiphane (voir *infra*) ; cette asylie aurait été bafouée par des personnes, en « médisant(s) contre leur maître (et) [en] s'emparant de son bien violemment ». Dans cette lutte, Évergète II est assimilé à Horus, gardien de l'héritage de son père Osiris[84].

Le texte (l. 20) relate la convocation de notables du pays auprès du roi. Il ne s'agit pas de la réunion d'un synode de prêtres mais de personnels administratifs et de fonctionnaires, ainsi énumérés : « [...] les grands, les notables, les membres des Trente, les anciens du palais, les membres du corps des fonctionnaires (et) les grands de l'Égypte [se rendirent] vers le lieu privilégié du palais pour prendre conseil ». Ces catégories de personnes sont donc bien distinctes de celles convoquées lors de synodes sacerdotaux[85]. Leur importance –ne serait-ce que numérique– laisse présager de toute la solennité de la tâche qui leur incombait auprès d'Évergète II. Qui étaient donc ces personnages et en quelle qualité se sont-ils rendus à la cour alexandrine ?

Les premiers mentionnés sont désignés par des termes trop vagues (*wr.w* « grands »[86] / *sr.w* « fonctionnaires »[87], *smr.w* « les chefs, les notables ») pour apporter des renseignements précis ; il s'agit de toute évidence de personnes de haut rang, des notables, occupant probablement une charge administrative élevée à l'échelon local ou régional. La fonction des « membres des Trente » (*mʿbꜣy.t*), conseil de hauts dignitaires, est davantage explicitée dans les sources[88]. « Les

Notes

80. Memphis II, N. 22 (= *Urk*. II, 183, 3) : « ils avaient été infidèles à sa Majesté ainsi qu'à son auguste père » (*th⸗sn mtnw n ḥm⸗f ḥnʿ jt⸗f šps*).
81. Pestman 1995 ; en dernier lieu, McGing 1997.
82. Polybe 22.17.1-6 ; Memphis II, N.19-22 = *Urk*. II, 180-182 = *OGIS* I, n° 90, l. 21-27 ; voir McGing 1997, 284.
83. Stèles Caire 2/3/27/7 (origine inconnue) et JE 44901 (Asfunis) publiées par Daressy (Daressy 1911 et Daressy 1917, 175-179) mais qui méritent une nouvelle édition ; Yoyotte 1993-1994, 691-692 ; Huß 2001, 523 ; Razanajao (2000), 101-102 ; thèse en cours d'A. Nespoulous-Phalippou (Univ. Montpellier 3).
84. Les faits d'arme de Philopatôr contre Antiochos III et ceux d'Épiphane contre les rebelles sont comparés à ceux d'Harsiésis, dans Memphis I (Raphia) et Memphis II (Rosette).
85. Cf. p. ex. Canope, l. 2-3 (= *Urk*. II, 126, 8-11) et Rosette N.6-7 (= *Urk*. II, 172, 3-6).
86. Ce sont généralement les grands dignitaires d'une cité ou d'une région, possiblement à identifier aux *ḥꜣty.w-ʿ* « les gouverneurs » ; voir Zivie-Coche 2004, 124-125, n. jj (avec bibliographie) et 161, n. u.
87. *sr.w* désigne « un collège (de notables / fonctionnaires) » identique à la *qnb.t* (*infra*) ; Allam 1996, 212.
88. Théodoridès 1973, 88-89, n. 123 (« groupement de grand renom (...) dans l'entourage du roi »). Le tribunal des Trente, représentation judiciaire suprême, fait l'objet d'un long développement chez Diodore 1.75-76 ; voir la note de Vycichl 1984-1985, 339 (attesté depuis le Moyen Empire).

anciens du palais » (*smsw.w ꜥḥ.t*) représentent vraisemblablement de hauts dignitaires. Puis viennent les membres de la *qnb.t*[289]. Il faut souligner la présence anachronique de ce conseil de magistrats, puisque des études sur ce terme ont montré qu'il disparaissait de la documentation avec le règne de Psammétique Ier, à l'occasion d'une possible refonte du système judiciaire[90]. Toutefois, la fonction de cette institution perdure et le terme *qnb.t* est remplacé par celui de « juges » (*nꜣ wpy.w*) puis, au cours de la période lagide, par celui de « grands hommes » (*nꜣ rmṯ.w ꜥꜣ.yw* / *ḫl-ꜥꜣ.yw*)[91]. Plus bas, la mention de *ḏꜣḏꜣ.t* (l. 24) fait également référence à une ancienne institution remise à l'honneur à partir de la XXVIe dynastie[92]. Le dernier groupe est celui des « grands », dont la mention semble tout autant résumer les titres précédents qu'englober d'éventuelles autres personnes occupant des charges dignes d'importance. Le qualificatif final souligne que cette délégation provient « de (toute) l'Égypte[93] ». Dans la stèle de Satrape[94], c'est cette séquence finale qui est utilisée, évitant ainsi de mentionner la nature précise des personnes convoquées :  *wr.w* / *sr.w n Tꜣ-mḥw*.

Les termes employés dans notre document témoignent de la volonté des rédacteurs de fixer dans une tradition ancestrale cette délégation de hautes instances représentatives de la communauté égyptienne, selon une mode archaïsante en cours à cette époque[95].

Si l'on apprend que cette délégation se rend auprès du roi pour prendre conseil, le contenu des entretiens avec Évergète II n'est malheureusement pas conservé. Peut-être ont-ils prêté serment devant le roi, si le sens accordé à l'expression *ꜥrq mdw* est correct. De même, la traduction « doléances » proposée pour le terme *sḫr.w* se conçoit dans le contexte de la venue de cette délégation auprès du roi, ce que la suite du texte (restitution d'une prébende et du droit d'asile) semble étayer. Si l'on conserve l'acception usuelle « décisions », le but de la délégation reste semblable, et vise à soumettre au souverain des remarques prises en commun.

On sait que le règne d'Évergète II est marqué par le développement de l'octroi de charges de fonctionnaires à des Égyptiens, politique d'ouverture qui sera poussée à la fin du IIe et au début du

Notes

89. Sur l'importance de cette instance représentative de la population égyptienne traitant avec les délégués locaux de l'administration égyptienne, voir Lurje 1971, 34-62 ; Allam 1996, 209-213 ; Allam 1995 ; Allam 2001.

90. Allam 1991 ; voir pourtant une occurrence datée de la XXXe dynastie-début époque ptolémaïque (statue Berlin E.7737), Yoyotte 1954, 88 (réf. de l'auteur).

91. Allam 2002 ; l'évolution de cette institution pouvant se résumer ainsi : *ḏꜣḏꜣ.t* > *qnb.t* > *rmṯ.w ꜥꜣ.yw* / *ḫl-ꜥꜣ.y*. Pour le passage de l'ancienne *ḏꜣḏꜣ.t* à *qnb.t*, voir Lurje 1971, 63-67. Pour une réduction du nombre d'occurrences du terme *qnb.t* dans la littérature démotique, voir Quack 1991, en particulier 195, n. 19.

92. Voir p. ex. le titre de *jmy-rꜣ n sš(.w) ḏꜣḏꜣ.t* réapparu à la fin de la XXVIe dynastie ; Perdu 1998 ; la statue New Haven, Yale University Art Gallery 0.1.1953 (*ibid.*, 186-187) doit être attribuée au règne de Ptolémée Épiphane (*supra*, n. 36).

93. Ou de « la Basse Égypte », selon l'acception restreinte de *Tꜣ-mry* ; Geoffret 2001.

94. *Urk.* II, 16, 6.

95. P. ex., Zivie-Coche 2004, 165, n. ff.

Ier siècle ; on citera pour mémoire Paos, nommé épistratège et stratège de Thébaïde[96], et peut-être Archibios, diœcète en 123-121, si son identité est semblable à celle d'Archibios / Harkhèbi, fils de Pamneui, propriétaire de la statue Kansas City 47-12[97].

Aurait-on alors, dans le passage en question, un témoignage de cette volonté du Lagide de fonder son autorité sur un soutien des classes indigènes en favorisant son accès à des charges élevées de l'administration ? Le recours aux traditionnelles instances représentatives égyptiennes semble bien le moyen le plus apte à tisser des liens solides, assurant au pouvoir un soutien des classes dirigeantes de la *chôra*.

Cette convocation pourrait également être mise en rapport avec la volonté de reprise en main du système administratif souhaitée par Évergète II et que l'on connaît par plusieurs mesures, qu'il s'agisse des *philanthrôpa* fragmentaires de 145/144 (an 26)[98] ou de celles plus importantes encore d'avril 118[99]. Les mesures prises soulignent le contexte troublé de l'époque et la ruine de l'économie consécutive aux révoltes, aux guerres qui entraînent désertions, pillages de villages, arrêt du versement des impôts, usurpations de terres royales et abus de fonctionnaires « qui assument la gestion des affaires du roi, des cités et des temples ». En effet, ces derniers, impliqués dans un grand nombre d'exactions, sont visés par plusieurs mesures[100]; on pourrait alors supposer qu'Évergète II a souhaité rencontrer une partie de ses plus hauts dignitaires, sinon leurs représentants, aussi bien pour expliquer le contenu de sa réforme que pour fermement proscrire les excès commis. De la même façon qu'il condamne les abus des fonctionnaires dans les décrets de 118, Évergète II et ses deux épouses acceptent, entre 124 et 116, la requête des prêtres de Philae afin « que personne n'exerce envers eux de vexations » ; dans la lettre adressée au souverain, les serviteurs d'Isis étaient fort explicites sur ces personnes, « stratèges, épistates, thébarques, greffiers royaux, chefs des gendarmes, tous les fonctionnaires, les troupes qui les accompagnent et le reste de leur suite qui nous contraignent à faire les frais de leur présence »[101].

La réalité de l'application de ces ordonnances royales a été mise en doute, leur multiplication pouvant traduire leur inefficacité chronique[102]. On sait pourtant que certaines d'entre elles furent

Notes

96. Huß 2001, 618-619 (et 620). Hölbl 2001, 198 : supprimer la référence à Psenptaïs II, grand-prêtre de Ptah, qui aurait épousé vers 122 une certaine Bérénice, liée à la maison royale, suite à une traduction erronée de la stèle démotique Vienne 82, l. 9-10 par Reymond 1981, 116 et 132 (réf. M. Chauveau) ; supprimer également la statue Yale University Art Gallery 2.1.1953 (*supra*, n. 36). L'octroi de charges aux élites égyptiennes thébaines est également mis en avant pour expliquer en partie le soutien de ces dernières à Évergète II lors de la révolte d'Harsiésis en 132-130 ; Christensen 2003, 11-12 et 14. C'est également au cours de ce règne que les premiers clérouques égyptiens sont dotés de terres au Fayoum ; *ibid.*, 12 et 13, après Crawford 1971, 69.

97. Yoyotte 1989, 82-84.

98. *C.Ord.Ptol.*, n° 43 ; voir également *C.Ord.Ptol.*,n°s 41-42 concernant Chypre ; Huß 2001, 601-602 ; Nadig 2007, 85-86 ; pour les abus des fermiers des taxes (les télônai) en Égypte, voir Chandezon 2001, 76-78.

99. *C.Ord.Ptol.*, n° 53 ; McGing 1997, 296 ; Huß 2001, 621-622 ; Nadig 2007, 101-109.

100. *C.Ord.Ptol.*, n° 53, 138-146 ; 178-187 ; 255-264. On verra également les plaintes à l'encontre des mauvais agissements des fonctionnaires (opposées à la vision du fonctionnaire juste), Crawford 1978.

101. *IG Philae*, n° 19 ; *supra*, n. 49.

102. Lenger 1990, 130-131 ; Dunand 1979, 84 ; McGing 1997, 296. Voir *C.Ord.Ptol.*, n° 54 ; Huß 2001, 622.

sinon appliquées du moins prises en considération[103]. Mais concernant la question particulière des abus des fonctionnaires, la portée des mesures de 118 doit sans doute être relativisée. Malgré la mise en avant des fonctionnaires parmi les plus élevés de la hiérarchie (stratèges en particulier), il s'agissait sans doute davantage de condamner les abus des fonctionnaires subalternes –ceux impliqués directement dans des affaires locales et susceptibles d'exacerber des situations conflictuelles – que de dénoncer des exactions de hauts dignitaires de l'administration lagide dont la fidélité était nécessaire –sinon vitale– à Évergète II en ces périodes difficiles[104]. Et c'est peut-être pour rappeler aux instances locales égyptiennes leur importance et leur rôle décisif dans la gestion des conflits durant cette période de crise que le souverain les convoqua à Alexandrie.

La ligne 21 apporte une étonnante mention du roi Amasis[105] ; le texte se présente ainsi : « Harsiésis[106], les dieux et les déesses qui sont dans la Maison de la réjouissance, conformément aux écrits anciens. Elles constituent ces donations foncières depuis le temps des ancêtres jusqu'à l'an 44 du roi de Haute et Basse Égypte (Amasis)| ». La limite chronologique est donc fixée à la veille de la conquête de Cambyse, l'an 44 d'Amasis correspondant à la dernière année pleine du règne avant la conquête perse.

À l'appui de leur demande, les prêtres font prévaloir un acte (de vente) (?), un contrat attestant le bien-fondé de leur revendication sur la terre attribuée (voir *infra*). Le texte des donations d'Edfou apporte un parallèle intéressant, signalant un inventaire cadastral « jusqu'en l'an 19 de Darius II (selon ce) qui est enregistré dans le Bureau des Écrits »[107]. Notre passage reste délicat à interpréter mais il semble que ce contrat était placé sous la responsabilité d'un gardien du temple des Héliopolitains ou des gardiens du temple d'Héliopolis dans le cas où le déterminatif collectif désigne l'ensemble de la séquence ; ce contrat fut rédigé à l'époque d'un roi dont le cartouche, bien qu'altéré, livre sans doute possible le nom de Darius Ier. On sait le rôle de législateur –plutôt de compilateur de lois– du Grand Roi, autant par un texte écrit au revers de la Chronique démotique évoquant, en l'an 3, un recueil de lois égyptiennes rédigées jusqu'en l'an 44 du Pharaon Amasis[108], que par le récit de Diodore de Sicile (1.95.4) qui le compte parmi les souverains législateurs, à la suite

Notes

103. Trois cas peuvent être évoqués :
   (1) Les mesures concernant *l'apomoira* (*C.Ord.Ptol.*, n° 53, l. 50-53) ont été suivies ; voir Clarysse, Vandorpe 1998, 17.
   (2) Un document du procès d'Hermias (*P.Tor.Choachiti* 12, VII, 13-15), daté de 117, fait référence à un décret de 118 ce qui indique, dans ce cas précis, que les mesures prises étaient, sinon appliquées, du moins connues.
   (3) Application en Cyrénaïque d'une disposition de l'ordonnance de 118 (*C.Ord.Ptol.*, n° 53, l. 85) relative à l'obligation de se servir dans les transactions d'unités de mesures conformes à celles apportées d'Alexandrie (« mesures-étalons en bronze déposées dans les nomes ») ; Laronde 1999, 96 et 100.

104. Pour un aperçu de ces hauts fonctionnaires, voir Huß 2001, 621 ; compléter avec les personnages cités plus haut.

105. Sur ce passage, Thiers 2010.

106. Mentionné comme dieu de la 7e province de BE en *Edfou* III, 8 et 16 ; 257, 17 ; VII, 149, 10 ; VIII, 94, 10 (*ḥry-jb Ḥw.t-nh.t* « qui réside dans le Château du sycomore ») ; *Opet*, 248 ; *Dendara* X, 279, 1 (*nb Ḥw.t-nh.t*).

107. Meeks 1972, 20 et 5*, 8-9 ; dernièrement, Manning 2003, 246.

108. *P.Bibl.Nat.* 215, v° col. c, 6-16 ; Devauchelle 1995, 74-75 ; Bresciani 1996, 113 ; Quaegebeur 1980/81, 239-240 ; Vittmann 2003, 131-132.

de Mnévès / Ménes, Sasychis / Chepseskaf ou Chechanq, Sésoôsis / Sésostris, Bocchoris et Amasis :

> « *Le sixième à s'intéresser aux lois des Égyptiens fut Darius, le père de Xerxès ; haïssant la violation des lois dont s'était rendu coupable Cambyse, son prédécesseur au trône, envers les sanctuaires d'Égypte, il aspira à mener une existence modérée et pleine de piété* ».[109]

La mention de Darius dans la stèle d'Évergète II doit donc se comprendre dans ce contexte de *damnatio* de Cambyse et du souvenir des meilleures dispositions de Darius Ier à l'égard des temples égyptiens, de sa volonté de compiler les lois et peut-être les actes relatifs aux possessions des temples, archivés dans la ville d'Héliopolis.

Quelle était la nature de ces gardiens héliopolitains en charge de la conservation de contrats ? On remarquera que le déterminatif collectif de l'homme assis n'est pas celui attendu pour désigner une troupe divine. A-t-on affaire à des prêtres en charge de garder précieusement des archives administratives et notariales concernant les transactions foncières des temples égyptiens ? Ne pourrait-on pas penser, au contraire, à une allusion théologique ? À cet égard, il est intéressant de rappeler le texte de la stèle de Mendès (*infra*) qui fait remonter l'origine d'une taxe à un acte de Thot et de Rê. Cette pratique renvoyant au dieu solaire pour asseoir la légitimité d'une requête pourrait alors être évoquée dans notre texte. On sait le rôle fondamental joué par Héliopolis en tant que conservatoire des actes de la monarchie égyptienne ; des archives y étaient conservées et servaient à la rédaction des annales royales. On connaît ainsi « la chambre (*ʿ.t*) dont le nom est l'inventaire dans Héliopolis » (*p.Westcar* 9,5) et l'« Ipat d'Héliopolis » des annales de Sésostris Ier récemment publiées[110]. La mention de la stèle est donc à verser au dossier du rôle joué par Héliopolis en tant que conservatoire d'actes à caractères administratifs, dont les possessions foncières des temples du pays représentaient un aspect. Enfin, on se demandera en dernière hypothèse si ces gardiens du temple d'Héliopolis ne seraient pas à reconnaître dans les génies en charge de la protection des temples de Rê-Atoum, tels qu'ils ont été mis en lumière sur les parois extérieures des *sebekhet* installées devant les temples d'Héliopolis, de Chechanq Ier à Nectanébo Ier[111]?

Il est intéressant de noter que les temples et les lieux d'archives héliopolitains devaient donc encore être en activité, puisqu'il était possible de s'y référer en cas de litiges. Ce n'est pas le lieu ici de tenter de déterminer l'histoire du démantèlement des temples d'Héliopolis. On rappellera seulement que les deux célèbres statues de Philadelphe et d'Arsinoé II conservées au Vatican[112] sont considérées comme provenant de cette cité ; s'il s'agit effectivement de statues du culte royal[113], il faut admettre qu'un temple était en activité à cette époque. Or, sous le règne du même Philadelphe, un obélisque héliopolitain de Nectanébo II (?) est déplacé pour être érigé dans l'Arsi-

Notes

109. Traduction Casevitz 1991, 114.

110. Postel, Régen 2005, 267-268, n. ll et 274-275.

111. Yoyotte 2003. On rappellera enfin que le tribunal des Trente, évoqué par Diodore (1.75.3), était composé de « dix juges [choisis] dans chacune des trois villes, Héliopolis, Thèbes et Memphis » ; Vycichl 1984-1985, 339.

112. Inv. 22681 et 22682 ; Grenier 1993, 51 (avec bibliographie).

113. Quaegebeur 1988, 47.

noéion d'Alexandrie[114]. Ce transfert paraît être le premier témoin du démantèlement d'Héliopolis pour orner Alexandrie et, lors de la visite de Strabon au début de l'époque romaine, la cité est « entièrement désertée » mais, paradoxalement, l'auteur décrit les temples et rencontre des prêtres (17.27-29). Bien que des éléments de réponses définitifs manquent encore, il est possible que le transfert d'éléments mobiliers et architectoniques des sanctuaires d'Héliopolis vers Alexandrie (et Rome) soit davantage à imputer aux empereurs romains qu'aux rois lagides[115].

Après avoir exposé ces éléments, le texte semble indiquer qu'un jugement est pris, probablement pour évaluer la portée réelle de la requête des prêtres.

La ligne 22 fait mention d'un don d'argent aux temples ou de la consécration d'un monument (naos ?) en argent au nom du roi[116]. Ce dernier paraît se satisfaire de la prise de certaines décisions. Le texte évoque par la suite des actes répréhensibles commis par des fonctionnaires (?) contre de modestes personnes. Ces propos sont présentés devant Évergète II, probablement par les prêtres d'Héracléion. Malgré les difficultés du passage, il est en tout cas avéré que l'on se situe à Héracléion même, ce qui paraît nous éloigner du palais royal vers lequel les représentants avaient été conviés (l. 20). Les sollicitations des prêtres d'Héracléion, présentées au jugement d'Amon-Gereb, peuvent être comprises en partie dans l'optique d'une demande d'octroi du droit d'asile (*infra*).

Bien que très largement dégradée, la ligne 23 mentionne des festivités et un décret promulgué par le souverain.

Dans un contexte qui fait défaut, la ligne 24 cite les ancêtres lagides divinisés et nous apprend que le roi a fait apporter le décret aux prêtres d'Héracléion ; il est tentant de comprendre qu'il s'agit là de la stèle (portant le décret) devant être érigée à proximité du temple. Les mentions lacunaires de la « [porte-de-rendre]-la-justice afin de prononcer les sentences » et du « conseil de la résidence » apportent des éléments supplémentaires à l'aspect juridique de notre document et au rôle que joue le décret promulgué par Évergète II dans ce contexte.

La ligne 25 présentait, semble-t-il, une liste d'offrandes, probablement accordées par le souverain au temple d'Héracléion. Les bétails *jwꜣ* et *wnḏw* apparaissent en effet fréquemment dans des contextes similaires, clôturant une action royale (bienfaits, dons fonciers, etc), et font souvent partie intégrante de la grande offrande (*ꜥꜣb.t*)[117].

Les lignes 26 à 33 sont trop dégradées pour en tirer quelque enseignement. On se demandera pourtant si les mentions, aux lignes 26 et 27, des termes *jṯj*, *rꜣ⸗f* et *m-bꜣḥ (?) nb⸗sn* ne pourraient pas faire allusion au vocabulaire employé dans les injonctions visant à intimider quiconque songerait à remettre en cause les avantages acquis par les prêtres d'Héracléion[118].

Notes

114. Pline, *HN* 36.14.67 ; Roullet 1972, 67-68, n° 68. Cet obélisque sera transporté à Rome sous Caligula ; il se dresse aujourd'hui sur la place Saint-Pierre.
115. Pour les thèses en présence et un éclairage sur ce dossier complexe, Yoyotte 1998.
116. Cf. Canope, l. 10 = *Urk.* II, 131, 11 (achat de blé) ; et à plusieurs reprises dans le décret de Rosette : *Urk.* II, 174, 3 ; 176, 4 ; 179, 9 ; 184, 1 ; 186, 3.
117. Voir p. ex. la stèle du Satrape, l. 15-16 (= *Urk.* II, 20, 9-11) ou la stèle de Piankhy, l. 84 ; 98 ; 101 ; 108 ; 109 (= Grimal 1981, 28*, 13 ; 34*, 11 ; 36*, 4 ; 39*, 15 ; 40*, 7).
118. Cf. Morschauser 1991, 78-79 (*jṯj*).

4. Le texte grec

Comme on l'a déjà souligné, le texte grec a extrêmement souffert et il ne peut malheureusement fournir d'éléments de comparaison avec les bribes du texte hiéroglyphique ; il est partiellement reconnaissable sur les blocs C, F et G. Les lettres mesurent 1,7 à 1,8 cm de haut et l'espacement interlinéaire est réduit à 0,5 cm. On peut estimer que le texte complet comportait de 35 à 40 lignes selon les différentes hypothèses de restitution (entre le début et la fin du texte grec et selon que la dernière ligne de hiéroglyphe conservée constitue bien la dernière du texte)[119]. De toute évidence, et comme on l'a déjà mentionné pour le texte hiéroglyphique, le texte grec avec des lignes de 2,84 m de long, constituait le plus long texte grec de l'époque ptolémaïque. On mesurera donc avec d'autant plus de regrets la perte quasi totale de cette inscription.

Parmi les bribes de lettres éparses qui ont résisté au temps, on distingue la séquence ...ΝΙΣΑΜΕΝΟΣ. J.-Y. Carrez-Maratray me signale que, selon toutes probabilités, il faut reconnaître ici ΑΓΟΝΙΣΑΜΕΝΟΣ « ayant combattu ». Il est bien entendu difficile de rattacher cela avec quelque chose de précis, qu'il s'agisse d'une partie de l'éloge royal ou, ce qui présenterait davantage d'intérêt, de l'évocation de troubles tels que l'évoque le texte hiéroglyphique (l. 19).

Note

119. Les traces relevées dans la partie inférieure de la stèle ne sont pas assurées ; elles se situeraient dans la zone qui devait être enterrée.

5. Essai d'interprétation

À la lecture de ce qui nous est parvenu de cette stèle monumentale érigée aux environs du temple d'Héracléion, une remarque s'impose : la finalité de ce texte est locale, tout au plus régionale. S'il s'intègre dans une trame historique plus vaste, au sein de laquelle on a pu mettre en lumière tel ou tel événement (*philanthrôpa*), s'il peut évoquer des faits qui ressortissent à une situation plus générale (convocation d'une délégation de hauts personnages égyptiens à Alexandrie, l. 19), le récit se focalise sur des préoccupations économiques et administratives du personnel sacerdotal d'Amon-Gereb et de Khonsou-Héraclès.

5.1 Contenu du texte

Dans l'état actuel de l'étude de la stèle, voici comment s'établit le découpage du récit historique :

1. fin de l'éloge et bienveillance royale à l'égard des temples (l. 11-12) ;
2. sortie processionnelle d'Amon-Rê vers la Thèbes du Nord (Tell el-Balamoun) au cours de laquelle le dieu rend un oracle en présence du roi (l. 13) ;
3. activité d'Évergète II dans les temples et bienfaits accordés aux dieux (l. 14) ;
4. antiquité et localisation précise du temple d'Héracléion (l. 15) ;
5. éléments de la théologie de Khonsou (l. 16) ;
6. donation de terrain (*ḥnk sẖ.t*), évergétisme bâtisseur pour le temple de Mout (?) et, au cours d'une visite royale en l'an 26 (juillet / août 144), les prêtres d'Héracléion présentent une requête (l. 17) relative au (?) :
7. rappel d'une taxe accordée au temps de Ptolémée Philopatôr (l. 18) ;
8. rappel d'une révolte ou de la transgression d'un décret (d'asylie ?) sous Ptolémée Épiphane (l. 19) ;
9. une délégation de hauts personnages égyptiens se rend à Alexandrie auprès du roi (l. 20) ;
10. référence aux écrits anciens pour justifier une attribution foncière-*sꜣḥ* (évoquée en 6 ou 7 ?) jusqu'à l'an 44 du Pharaon Amasis ; existence d'un acte (de vente) justifiant cette possession, conservé à Héliopolis à l'époque de Darius Ier ; jugement (l. 21) ;
11. évergétisme royal et plainte à propos d'exactions commises par des fonctionnaires contre des « humbles » ; acceptation par Évergète II qui présente les paroles des plaignants devant Amon-Gereb (procédure oraculaire), visant probablement à valider un ancien droit d'asile ; appel au scribe royal (pour prendre un décret ?) (l. 22) ;
12. joie suite (?) à la promulgation du décret royal (l. 23) ;
13. envoi du décret (texte de la stèle) pour permettre son application et son affichage (?) par les instances judiciaires égyptiennes d'Héracléion (l. 24) ;

14. dons de bovidés (l. 25) ;

15. injonction contre d'éventuels contrevenants aux mesures du décret (l. 26-27) ?

Pour autant qu'on puisse en juger dans l'état fragmentaire du document, la préoccupation majeure des prêtres-rédacteurs concernerait donc deux points :

(1) l'octroi de revenus fonciers au temple d'Héracléion ;

(2) l'octroi du droit d'asile à ce même temple.

Pourtant acquis depuis toute antiquité, le clergé d'Héracléion aurait perdu le bénéfice de ces deux privilèges essentiels au fonctionnement et au prestige du temple majeur de la cité. Il s'agissait donc de les récupérer. On peut proposer de suivre la requête des prêtres depuis la ligne 17 jusqu'aux lignes 23-27.

5.2. La prébende du territoire de Tell el-Balamoun (?)

Dès l'abord, la construction du texte s'apparente à d'autres documents célèbres de longue date. Le premier est la stèle du Satrape, datée de novembre 311, et dans laquelle Ptolémée, satrape d'Égypte, restitue un territoire et tous les revenus qui en dépendent au temple de Ouadjyt de Bouto[120]. Le passage en question occupe les lignes 7 à 17 (*Urk.* II, 16-21, 5) : une ancienne donation, effectuée par le pharaon Khababach, est tombée à l'abandon sous la seconde domination perse[121]. Ptolémée, ayant convoqué les prêtres qui lui relatent le bien fondé de leur requête, accepte de restituer les territoires :

> « *Ce grand dignitaire a dit : "Faites que l'on mette par écrit une ordonnance au bureau du scribe royal des comptes disant" :*
>
> *"(Par ordre de) Ptolémée le satrape : la Terre de Ouadjyt, je la donne à Horus vengeur de son père, maître de Pé (et à) Ouadjyt, maîtresse de Pé et Dep à partir de ce jour et pour l'éternité, ainsi que tous ses domaines, toutes ses villes, tous ses habitants, toutes ses terres, tous ses cours d'eau, tous ses taureaux, tous ses oiseaux, tout son bétail (d'espèces variées), tous les biens qui en proviennent, ce qui s'y trouve depuis [les origines], et ce qui en sera produit, ainsi que la donation foncière (ḥnk) qui a été faite par le roi de Haute et Basse Égypte, maître du Double Pays,* (Khababach)|, *qu'il vive éternellement"* »[122].

Le schéma que l'on peut appréhender dans la stèle trouve donc un parallèle de choix : il s'agit de faire valoir devant le roi une ancienne possession, concédée par un souverain précédent[123] et perdue lors d'une période de troubles. Tout en renouvelant cet ancien don (un territoire et ses revenus), le roi accorde d'autres bienfaits[124]. Dans ce contexte, la mention de l'acte de vente (?) revêt une

Notes

120. En dernier lieu, Simpson 2003, 392-397 ; voir von Recklinghausen 2005, 149, n. 8.

121. Ladynin 2005 (Artaxerxès III).

122. L. 13-14 = *Urk.* II, 19, 3-20, 2.

123. Cet argumentaire se retrouve dans d'autres sphères culturelles, voir Briant 1996, 622-623.

124. Meeks 1979, 652-653 (qui cite également la stèle du Satrape).

importance capitale (l. 21), ce document assurant aux prêtres d'Héracléion la preuve de leur bon droit et la validité de leur requête.

Dans la stèle de Mendès, Ptolémée Philadelphe restitue une taxe sur le transport des bateaux, les prêtres alléguant –faute de mieux– un don divin, en l'occurrence celui de Rê, au dieu et au temple de Banebded (« Rê lui a donné le Double Pays pour sa subsistance »). En outre, Philadelphe décide de ne plus prélever une taxe sur la ville de Mendès, dont la totalité est alors reversée au temple de Banebded, « lorsqu'il eut connaissance du décret proclamé par Thot à côté de Rê »[125]. On a vu plus haut que la mention « des gardiens du temple d'Héliopolis », en charge de la conservation de l'acte foncier, était peut-être à placer sur le même registre théologique que la mention de la stèle de Mendès, Héliopolis faisant alors office de conservatoire des actes notariés les plus éminents, sous les auspices de Rê-Atoum et des génies-gardiens des temples de la cité solaire.

La documentation grecque fournit également des éléments de comparaison intéressants. En réponse à une réclamation effectuée par les prêtres d'un temple du Fayoum, la chancellerie royale envoie une lettre à son administration, en l'an 31 (= 139) du règne d'Évergète II et de ses deux épouses, faisant référence à une ordonnance garantissant le maintien des revenus des temples[126]:

> *« Les prêtres de [...] (...) nous ont écrit au sujet de la terre sacrée [...] y compris la terre consacrée par les clérouques, au sujet des prébendes attachées aux charges sacerdotales, aux postes de prophètes et de scribes, et à toutes les fonctions religieuses achetées pour le temple, au sujet [...] des revenus tirés de propriétés, au sujet des bénéfices recueillis conformément aux décrets [... dans l'intérêt (?)] des différentes classes de prêtres et des hiérodules (...).*
>
> *Ils allèguent que certains sujets qui louent des terres et d'autres bien pour une longue période, et que quelques-uns aussi qui s'en emparent sans contrats, ne paient pas les redevances y afférentes et ne fournissent pas le montant total des prébendes attachées aux charges sacerdotales et aux postes de prophètes et de scribes, que d'autres dérobent les sommes payées et perçues (...).*
>
> *En conséquence, conformément à notre ordonnance antérieure relative aux ressources des temples, aussi longtemps que les revenus de la déesse dont la liste précède demeureront (en sa possession ?), qu'on n'y touche pas, et ne permettez à personne, en aucune façon, de percevoir quelqu'une des redevances mentionnées ci-dessus, ni d'éconduire les agents des prêtres chargés de procéder aux perceptions dont il a été question (...) »*[127].

Revenons au texte de notre stèle. Malgré la difficulté pour déterminer la localisation précise de cette prébende (l. 18 *njw.t mḥw* [?]), on peut envisager l'hypothèse suivante : si cet épisode peut être mis en évidence à partir des ligne 17 (*ḥnk sḫ.t*), il ne faut pas oublier que dès la ligne 13 il a été fait mention du transport de la statue d'Amon-Rê, roi des dieux, vers la Thèbes du Nord et qui, chemin faisant, a dispensé un oracle. Les sollicitations des prêtres d'Héracléion auprès du roi concernant

Notes

125. Stèle de Mendès, l. 15-17 = *Urk.* II, 42, 16-44, 13.
126. *C.Ord.Ptol.*, n° 47 ; voir *supra*, n. 49.
127. Traduction Lenger 1964.

une prébende de Balamoun et le droit d'asile (*infra*) ne seraient-elles pas alors à rattacher à l'épisode de l'oracle ? Ce serait, à n'en pas douter, un excellent moyen pour les prêtres de mettre en scène leur requête. Les lignes 14 à 16, qui font état d'actes d'évergétismes du Lagide et de considérations théologiques liées à Héracléion, ne permettent pas d'effectuer un lien direct avec l'épisode qui nous occupe mais montrent, à l'évidence, l'étroite relation entre les deux cités des franges septentrionales du Delta.

Sous le règne de Ptolémée Philopatôr, le montant d'une taxe aurait donc été accordé en relation avec les dieux et un territoire dépendant de Tell el-Balamoun. Le règne de son fils, Ptolémée Épiphane, est marqué par des révoltes dans le Delta ; les deux décrets de l'an 23, déjà évoqués, font état de troubles qui ont semble-t-il touché « la campagne de Sema-Behedet »[128]. Si l'on s'en tient aux bribes de texte conservées sur la stèle, il faut croire que des troubles, endémiques dans ces régions marécageuses du bas Delta, subsistaient encore sous Évergète II qui dut y mettre fin (« ton massacre parmi eux », l. 19).

Dans ce passage, il est fait mention du toponyme « les Confins des nomes » (l. 19). On notera dès l'abord qu'il présente le déterminatif de la ville, ce qui lui confère une identité plus précise que les désignations « les confins des nomes des dieux » ou « les confins de la terre » (l. 15 et 18)[129], ce dernier toponyme pouvant également être déterminé par le signe de la ville (l. 33). Une autre occurrence apparaît dans l'éloge royal (l. 2) en relation avec une divinité non clairement identifiée. Ce toponyme est connu sur un naos daté du règne de Ptolémée Philadelphe et provenant de Tell el-Balamoun[130]. Sans toutefois écarter la possibilité que « les Confins des nomes » de notre stèle aient pu désigner une réalité topographique de la région d'Héracléion, le faisceau d'indices qui se développe en direction de la région de Tell el-Balamoun incite à y reconnaître le même toponyme que celui porté sur le naos de Philadelphe. Il n'y aurait pas lieu de s'étonner de l'existence d'une possession foncière relativement fort éloignée –dans notre cas dans la partie centrale du Delta– du temple qui jouissait de ses revenus ; les autels des dieux pouvaient être alimentés par des domaines disséminés sur tout le territoire égyptien. Le cas est également attesté pour les domaines privés : une ordonnance de Cléopâtre VII prend en considération une plainte adressée par des alexandrins concernant leurs propriétés foncières situées dans le Saïte méridional (4e BE) et, bien au-delà, dans le Bubastite (18e BE)[131].

Ainsi donc, suite à des troubles dans la région de Tell el-Balamoun, le bénéfice d'une taxe (et un territoire) concédé sous le règne de Philopatôr, aurait été perdu par les prêtres d'Héracléion. Ces derniers ne manquèrent pas de le faire savoir à Évergète II (ou à un représentant de son administration)[132], probablement par l'intermédiaire d'une *enteuxis*[133] :

Notes

128. Caire RT 2/3/25/7, l. 24 et 29 : Daressy 1911, 5 et 6 ; Caire JE 44901, l. 13 : Daressy 1917, 178 ; *supra*, n. 83

129. *pḥw* « limites, confins », et donc « marais côtiers » (dét.), c'est-à-dire les confins de la terre égyptienne ; voir Yoyotte 1961, 154, § 49 (stèle de Piankhy, l. 3).

130. Caire 16/8/34/1 ; Thiers 1997a, 254 et 256-257, n. c.

131. *C.Ord.Ptol.*, n°s 75-76 ; Thompson 2001, 33 ; van Minnen 2001, 43.

132. Sur les processus décisionnels des ordres royaux, voir Savalli-Lestrade 2003, en particulier 31-34 pour les recours adressés au niveau du stratège ; également Thiers 2006, 293.

133. Guéraud 1931-1932, XXIII ; sur ce type de documents, voir Collomp 1926, 51-166 ; Montevecchi 1973, 189-192.

- rappel des faits (existence d'une donation ancienne) ;
- demande proprement dite (restitution de la prébende après une période de troubles) ;
- remerciements anticipés pour la bienveillance royale.

Dans le cadre de sa politique de conciliation avec les clergés indigènes, Évergète II montra toute sa mansuétude en restituant l'ancienne prébende[134], peut-être « conformément à l'ordonnance antérieure relative aux ressources des temples » évoquée dans la lettre de l'an 31 (*C.Ord.Ptol.*, n° 47) citée plus haut, mais également à partir d'une ordonnance édictée probablement lors des *philanthrôpa* de 145/144 (*C.Ord.Ptol.*, n° 43)[135].

En se fondant sur l'exemple des stèles de Naucratis et d'Héracléion consacrées par Nectanébo Ier en faveur du temple de Neith de Saïs[136], on peut naturellement envisager qu'à Saïs –dans le temple bénéficiaire– , un placard rappelait l'origine des revenus provenant d'Héracléion et de Naucratis. De la même manière, formant la contrepartie de notre stèle d'Héracléion –temple bénéficiaire– , il y eut probablement une stèle plus modeste rappelant, dans la campagne de Tell el-Balamoun, qu'un territoire et ses revenus appartenaient à Amon-Rê, maître de la Maison de la réjouissance. Si une dîme sur les taxes et produits transitant par Héracléion devait toujours à cette époque être reversée au temple de Neith de Saïs, on s'expliquerait d'autant mieux que les prêtres d'Héracléion aient fait valoir les revenus qu'ils étaient susceptibles de tirer de la région de Tell el-Balamoun.

5.3. Un inventaire cadastral

Il est remarquable de constater une étroite relation entre les données de la stèle d'Héracléion et la documentation papyrologique grecque. En effet, le *p.Haun.* inv. 407, daté de l'an 52 (119/118) d'Évergète II, livre un inventaire administratif des terres accordées aux clérouques dans le nome d'Edfou, et ce depuis le règne de Ptolémée Philopâtor, plus précisément avant l'an 16 (207/206) qui correspond au début de la révolte de la Haute Égypte[137]. D'après les données recueillies, il semble bien que la stèle d'Héracléion reprenne le même schéma que le *p.Haun.* inv. 407, avec l'évocation de la possession de la prébende de Tell el-Balamoun sous Philopatôr perdue par la suite. Dans le contexte de la grande réconciliation de 118 (*infra*), ces deux documents témoigneraient donc de la même volonté politique d'établir un inventaire des possessions foncières, profondément perturbées par les révoltes qui ont frappé le pays, de la Haute Égypte au Delta, depuis le règne de Ptolémée Philopâtor. Le premier émane de l'administration lagide en charge de la remise en ordre de la cadastration du pays, le second provient d'un clergé qui profite d'une visite royale pour faire valoir une ancienne possession. Dans les deux cas, il s'agit de revenir à une ancienne situation qui s'est dégradée depuis les révoltes des règnes de Philopâtor et d'Épiphane.

D'autres documents, datées de 119/118, témoignent d'une attention particulière portée à l'inventaire des terres, dans l'Héracléopolite ou au Fayoum[138]. Ainsi, les archives de Menches, comogrammate de

Notes

134. Voir également *IG Philae*, n° 19.
135. Papyrus fragmentaire daté de l'an 36 (135/134) mais qui serait une copie d'une ordonnance de l'an 26 (145/144).
136. Yoyotte 2001 ; Yoyotte dans Goddio, Clauss (éd.) 2006, 316-321.
137. Christensen 2003 ; Christensen 2001.
138. Manning 2003, 180-181.

Kerkéosiris, livrent des renseignements sur les arpentages annuels des terres de ce village du Fayoum, entre 120 et 110, menés par Menches lui-même en compagnie d'autres fonctionnaires[139].

Parmi les mesures édictées en 118, et malgré l'absence d'une mention explicite de la mise en place d'un inventaire des terres, la volonté de remise en ordre du système agricole est prégnante. Les premiers articles concernent l'*anachorésis* et la remise des arriérés d'impôt aux paysans leur permettant de revenir sur leurs terres et de reprendre l'exploitation sans crouler sous les créances de tous ordres[140]. Dans le même dessein, sont amnistiés les abus des clérouques et des paysans des terres sacrées qui ont empiété sur les terres (en particulier royales) suite à l'absence de contrôle dans la cadastration foncière[141]. Une autre série de mesures concerne la fiscalité des agriculteurs (contrôle des mesures étalons, exemptions d'impôts de cinq ans pour les nouvelles mises en culture de vignes et de vergers)[142]. Enfin, le texte vise à protéger les fermiers des terres royales (et les artisans) contre les saisies pour endettement : sont exclus de la saisie le bétail et les instruments de travail[143].

Parallèlement à la volonté d'endiguer l'*anachorésis* et de favoriser le retour des paysans, inventorier et délimiter les possessions foncières constituaient des mesures essentielles pour fixer le montant des taxes et remettre en route l'économie du pays.

5.4. L'asylie

À comprendre correctement ce qu'il nous reste de la ligne 22 (et peut-être déjà dès la ligne 19), des fonctionnaires se seraient emparés violemment de personnes, des « humbles qui adorent leur maître ». Cette phrase laisse entrevoir clairement la situation si l'on envisage que ces personnes demeuraient à l'intérieur de l'enceinte du temple, sous la protection de la divinité, et que des fonctionnaires sont venus les chercher *manu militari*. Un des motifs récurrents invoqués dans les demandes de droit d'asile est relatif aux violences commises contre les prêtres et les personnes installées dans l'enceinte des temples ; et ces violences sont l'œuvre de brigands mais aussi de fonctionnaires[144].

On se souviendra alors que dans le train de mesures de 145/144[145] et de 118, dont il a été question plus haut, l'une visait à renforcer le droit d'asile des temples, mesure intimement liée à la lutte contre les exactions des fonctionnaires commises à l'encontre des prêtres et des civils réfugiés dans les sanctuaires.

> *« Ils ont décrété qu'on ne chassera ni n'expulsera de force personne, sous aucun prétexte, des lieux qui jouissent du droit d'asile »*[146].

Notes

139. Verhoogt 1998, 131-139 ; Cuvigny 1985 en particulier, 106-116 ; voir Manning 2003,119-122.
140. *C.Ord.Ptol.*, n° 53, l. 6-18.
141. *C.Ord.Ptol.*, n° 53, l. 36-49.
142. *C.Ord.Ptol.*, n° 53, l. 85-103.
143. *C.Ord.Ptol.*, n° 53, l. 221-247.
144. Dunand 1979, 81-84 (*SB* 7259 daté de 95/94).
145. *C.Ord.Ptol.*, n° 43, 15-17 (*supra*) ; Rigsby 1996, 543.
146. *C.Ord.Ptol.*, n° 53, 83-84. Pour le droit d'asile accordé aux temples durant le règne d'Évergète II, voir Huß 1994, 40, n. 61. Voir possiblement *C.Ord.Ptol.*, n° 74 = Rigsby 1996 n° 228 : prostagma bilingue attribué à Cléopâtre VII et Ptolémée XIV ou Césarion renouvelant le droit d'asile accordé à une synagogue par Ptolémée Évergète Ier ou Évergète II ; Bingen 1982 ; Bernand, É. 1983, n° 1315, 74-75 ; Thompson 2001, 33.

Dès la ligne 19, la séquence stigmatisant ceux qui sont « médisant(s) contre leur maître (et) s'emparant de son bien violemment » mérite d'être comparée à une mesure de 118 stipulant que « personne ne s'emparera par la violence de ce qui est consacré aux dieux »[147].

Tout autant que les violences perpétrées dans l'enceinte sacrée du dieu, nul doute que les prêtres d'Héracléion ont dû mettre en exergue l'existence de l'antique *hieron asylon* attesté par Hérodote 2.113 :

> *« Il y avait sur le rivage un temple d'Héraclès, qui existe toujours : l'esclave qui s'y réfugie et se fait imprimer sur le corps certaines marques sacrées pour se mettre au service du dieu ne peut, quel que soit son maître, y être saisi –coutume qui s'est maintenue sans changement jusqu'à notre époque. Or, les serviteurs d'Alexandre l'abandonnèrent quand ils surent le privilège attaché à ce temple : ils s'y établirent en suppliants du dieu et, pour nuire à leur maître, l'accusèrent en racontant toute l'histoire d'Hélène et l'injure faite à Ménélas. Ils prononcèrent ces accusations devant les prêtres du temple et devant le gardien de cette bouche du Nil qui s'appelait Thônis »*[148].

Ce récit d'Hérodote constitue la plus ancienne attestation du droit d'asile dans un temple égyptien, même s'il a vraisemblablement préexisté à la domination macédonienne[149]. Les « humbles, les pauvres, les personnes de condition modeste » (*ḥwr.w*) de la stèle peuvent tout autant désigner des reclus (*katochoi*)[150] que des paysans fuyant leurs terres et les trop lourdes créances.

Le célèbre dossier de Ptolémaios, fils de Glaukias, reclus volontaire dans le temple d'Astarté dans l'enceinte du Sérapéum de Memphis, atteste à plusieurs reprises les intimidations musclées auxquelles le Grec devait faire face et les plaintes répétées adressées à Ptolémée Philomètôr et Cléopâtre II[151]. Pourtant, on ne manquera pas de souligner le parallèle entre les « humbles qui adorent leur maître » et les esclaves « suppliants du dieu » cités par Hérodote, et de songer aux *hierodouloi* des sources papyrologiques, précisément attestées dans le courant du IIe s. *a. C.*[152]. Même modeste, la rente mensuelle contractée par les hiérodules envers le temple devait constituer au total un apport non négligeable, à tout le moins suffisant pour que les prêtres se sentent lésés par l'exclusion de ces personnes, hors de l'enceinte sacrée. De façon plus générale, les personnes réfugiées dans les temples constituaient pour les clergés locaux une main d'œuvre docile, effectuant des tâches diverses dans l'enceinte même mais également –et surtout– dans les domaines agricoles[153].

La suite du texte précise que le roi place les paroles des prêtres « en présence du maître de Gereb », ce qui témoigne d'une demande d'approbation oraculaire par le dieu, qu'elle soit réelle ou

Notes

147. *C.Ord.Ptol.*, n° 53, l. 52.
148. Traduction Barguet 1985, 217-218 ; Bernand, A. 1970, vol. 1, 170-171 ; Lloyd 1988, vol. 3, 48-49.
149. Dunand 1979, 85-86 ; Thiers 1995 ; nuancer Rigsby 1996, 541.
150. Dunand 1979, 89-90.
151. Lewis 1986, 74-87 (en particulier 84-86) ; Thompson 1988, 215-233. Les difficultés rencontrées par Ptolémaios provenaient d'hostilités dues autant à son origine grecque qu'à ses activités économiques dans l'enceinte même du Sérapéum ; pourtant, contrairement à notre document, il ne s'agit pas de personnes extérieures au temple (et encore moins de fonctionnaires) qui se sont attaquées à Ptolémaios.
152. Dunand 1979, 91-92 ; Chauveau 1991a ; Chauveau 1997, 154-155.
153. Dunand 1979, 96.

fictive[154]. Évergète II fait ensuite appel à son « scribe de la palette [royale] » afin, probablement, de porter ses décisions (et celles du dieu) à la connaissance de tous sous la forme d'une ordonnance (προστάγμα). Comme c'est l'usage dans la documentation de ce type à cette époque, la demande d'asylie –ici une réinstauration de ce droit– est accueillie favorablement par le pouvoir lagide qui en assure, par décret, l'inviolabilité.

Les lignes 22 et 24 signalent à nouveau le décret promulgué par Évergète II. Si la première mention est peu explicite dans un contexte lacunaire, la seconde, qui signale que le décret est apporté aux prêtres –vraisemblablement pour le graver et l'afficher à la vue de tous– semble être placée en étroite relation avec la *Rout-di-maât* du temple d'Héracléion. Ce lieu où justice était rendue, tant par les prêtres que par les autorités administratives compétentes[155], soulignait également de façon monumentale la limite entre le monde profane et le monde sacré[156] ; ce sont les portes que l'on a coutume de désigner par le terme « propylône ». Un texte bien connu du propylône sud du temple d'Edfou évoque le rôle judiciaire de cette *Rout-di-maât* :

> « *1. La porte auguste de la Rout-di-maât en face d'Edfou, c'est la place où se tiennent les possédants et les démunis pour implorer la vie de la part du maître de la vie (...), 2. la porte d'écouter les plaintes de tous les plaignants afin de distinguer la justice de l'iniquité, c'est le lieu vénérable de protéger les faibles pour les sauver des puissants (bw wr pw nt<y> nḫt mꜣr.w r nḥm=w m<-ʿ> wsr.w) (...)* »[157].

« Celui qui protège les faibles des puissants » (*nḫt mꜣr.w m-ʿ wsr.w*) est une épithète connue à Edfou[158]. Cependant, désignant une porte, la séquence d'Edfou ne pourrait-elle pas faire allusion au droit d'asile (*nḫt*) que matérialisaient de façon monumentale ces propylônes ?

Notes

154. Sur les procédures oraculaires, voir les contributions de Quaegebeur, Traunecker, Kruchten et Dunand réunies dans Heintz 1997 ; Coulon 2001, 103-108 ; en dernier lieu Winand 2003.
155. Quaegebeur 1993.
156. Derchain 1995, 3 (avec l'étude de termes présents dans les textes de la porte d'Évergète à Karnak mettant en évidence l'aspect juridique de cette *Rout-di-maât*).
157. *Edfou* VIII, 162, 16-163, 2 ; traductions d'après Quaegebeur 1993, 204 et Kurth 2004, 288-289.
158. *WPL*, 403 ; *LGG* 4, 313-314 (*nḫt–*) et 282b (*nḥm–*). Peut-être n'est-ce alors pas un hasard de constater que cette épithète d'Horus apparaît sur le pylône d'entrée (*Edfou* VIII, 146, 4-5 ; 107, 15 [*bꜣ / bnw nṯry]*), sur le propylône sud (*Edfou* VIII, 163, 2-3, notre exemple), sur le mur d'enceinte (face interne, *Edfou* VI, 135, 4 ; 215, 5) et dans la cour (*Edfou* V, 263, 3) ; c'est-à-dire à des emplacements qui marquent, à différents niveaux, une limite entre le sacré et le profane. La variante (*nḥm –*) attribuée à Hathor sur l'extérieur du naos d'Edfou (*Edfou* IV, 100, 15), à Amon (*MamEdfou* 171, 6) et à Geb (*Coptos*, n° 42, 6) est issue de la phraséologie privée (Traunecker 1992, 227, n. m) et ne paraît pas probante pour notre propos.

5.5. Rencontre(s) d'Évergète II avec une délégation égyptienne

Dans l'interprétation générale du récit qui est proposée, ici se situe (l. 20) le point à partir duquel intérêt local et considération de portée « nationale » s'entremêlent. En effet, on doutera que la mention (l. 20) de représentants de l'administration égyptienne puissent se rapporter au seul cas d'Héracléion. On a évoqué des situations similaires dans lesquelles, pour faire valoir des intérêts locaux, les prêtres font état de remarques plus générales ou s'appuient sur des ordonnances antérieures. La venue des représentants égyptiens auprès du roi, dans sa résidence alexandrine, bien que dépendant probablement d'une initiative royale sans lien direct avec Héracléion, a dû concerner des questions d'ordre national, dont on a tenté de montrer qu'elles pouvaient être liés aux décrets d'amnistie de 118. Cependant, une fois évoqué, cet épisode est strictement rapporté à des préoccupations locales, qu'il s'agisse de récupérer une donation foncière ou de se plaindre de la violation du droit d'asile du temple.

6. Conclusion

À travers les bribes de texte conservées, cette stèle monumentale découverte à Thônis-Héracléion entre dans la catégorie des documents émanant des clergés indigènes, légitimant le Pharaon lagide et établissant, dans le cadre de la focalisation du récit propre à ces documents, des liens particuliers entre le pouvoir en place et les prêtres locaux. Il ne s'agit pas d'un décret de synode, caractérisé par un protocole de datation fondé sur l'énumération des prêtrises éponymes alexandrines (voir Canope ou Rosette)[159]. Pourtant, la présence même du texte grec, malheureusement détruit, ancre davantage ce document dans la catégorie des décrets honorifiques de type grec, dont les décrets de synodes ne sont qu'une émanation[160]. Elle ne manque pas non plus d'évoquer le dossier des *enteuxeis* adressées au souverain et aux réponses royales accordant l'asylie ou établissant une charte d'atélie.

Le bilinguisme affiché sur cette stèle vient enrichir le dossier réuni par W. Peremans[161]. Le texte hiéroglyphique ne se présente pourtant pas comme la traduction d'une ordonnance royale. Si, comme on l'a vu, une partie des éléments contenus dans cette inscription est susceptible d'être mise en relation avec des *prostagmata*, il ne s'agit pas, à l'évidence, d'une traduction des mesures connues par les papyrus, traductions qui sont en outre exceptionnelles pour ce type de document. En effet, sur la centaine d'ordonnances édictées par les Ptolémées, seulement six ont été « traduites », dont trois émanent directement de l'autorité lagide[162]. Notons que le bilinguisme n'est parfois connu que par la seule mention de la volonté royale de transcrire le *prostagma* « en caractères grecs et démotiques »[163].

Dans notre cas, le bilinguisme concerne les écritures hiéroglyphique et grecque, ce qui limite la possibilité d'une initiative lagide ; ce sont les prêtres bénéficiaires d'une décision royale qui l'ont portée sur la pierre. On objectera, comme souvent, que la connaissance des hiéroglyphes à l'époque était le fait de quelques prêtres érudits, versés dans les écrits anciens. Quelle était alors la portée d'un texte que personne ou presque ne pouvait lire ? De plus, comment prendre connaissance d'un texte inscrit dans la partie supérieure d'une stèle de près de cinq[164] mètres de haut ? Le fait qu'il soit peu accessible ne constitue pas pour autant une objection décisive[165]. Avant tout, il s'agissait de

Notes

159. Pour une liste de ces décrets, Clarysse 1999, 42-43 ; ajouter la stèle trilingue Caire CG 9299 (Sôter II, oct.-nov. 112) = Bernand, É. 2001, 83-88 (30).
160. Clarysse 1999.
161. Peremans 1985, 262 : « On ne traduit pas pour obéir à une prescription quelconque de la part des maîtres du pays ni pour satisfaire aux exigences d'un nationalisme agressif. La langue est considérée comme un moyen de communication plutôt que comme un élément de discorde entre Grecs et Égyptiens ».
162. *Ibid.*, 253-254 ; déjà Bonneau 1966, 217.
163. *C.Ord.Ptol.*, n°s 75-76, 90-91 ; van Minnen 2001, 43.
164. 6,17 m de haut, dont environ 1,30 m enterré : 4,87 m de haut de surface exposée.
165. Ce même faux procès est intenté pour les inscriptions autobiographiques inscrites sur les piliers dorsaux des statues ou sur des stèles déposées dans les tombes (également sur les sarcophages) ; voir les remarques de Zivie-Coche 2004, 16.

fixer dans la pierre, en écriture sacrée, un texte dont le contenu pouvait à tout moment être mis en avant pour justifier un privilège ou apporter un argument essentiel en cas de litige ; son existence même, sa présence à proximité du temple d'Héracléion suffisaient. Reconnaissons alors que, dans cette perspective, l'objection formulée ci-dessus mérite d'être largement nuancée et que le fait que le texte grec soit, lui, situé dans la partie basse de la stèle, c'est-à-dire la plus accessible, résulte d'un choix bien réfléchi. Il importait davantage aux prêtres que le texte grec reprenant une ordonnance ou une *entolè* royale[166] puisse être lu et présenté, en toutes circonstances, aux représentants de l'autorité alexandrine, grecs ou égyptiens hellénophones. L'état pitoyable du texte grec ne permet pourtant aucune interprétation décisive ; cependant, il me semble peu probable qu'il ait porté –au moins en partie– autre chose qu'un προστάγμα περὶ φιλανθρώπων à caractère local[167] largement en usage au cours du règne d'Évergète II.

À l'exception des comptes rendus des synodes de prêtres à portée nationale, peu de documents bilingues ou trilingues émanant de clergés locaux nous sont parvenus. Dans le cadre interprétatif que l'on a tenté de dégager, la stèle d'Héracléion ne devait pas être loin, sur le plan formel, de celle érigée quelques années plus tard (96) à Athribis, sous le règne de Ptolémée Alexandre Ier[168]. Ce document trilingue assure, par un *prostagma* royal, l'octroi du droit d'asile au temple d'Horus-Khentykhéty en faisant référence à d'anciens *philanthrôpa* accordés par des ancêtres dynastiques à tous les temples égyptiens. En se fondant sur les versions hiéroglyphique et grecque[169], il est alors aisé d'observer les divergences dans le traitement d'une même ordonnance royale selon les deux sphères linguistiques. Nul doute que notre stèle ne faisait pas exception à cette règle : une version hiéroglyphique intégrant le décret royal (*wḏ-nsw*) initial dans un « apparat idéologique »[170], un « décorum égyptien »[171] absent de la rigueur de l'ordonnance grecque[172]. À l'instar des décrets trilingues de synodes sacerdotaux, concluons, avec W. Clarysse, que dans ce type de document « l'égyptien n'apparaît que comme un arrière-fond nécessaire étant donné les institutions représentées par les membres du clergé »[173]. C'est pourtant le seul idiome conservé qui aujourd'hui nous permet d'appréhender ce monument et son apport à l'histoire de l'Égypte ptolémaïque.

Notes

166. Du type de celles, déjà évoquées, de Philae et du Fayoum : *IG Philae*, n° 19 ; *C.Ord.Ptol.*, n° 47 ; sur la primauté des décrets royaux rédigés en grec par rapport aux bilingues / trilingues, voir Lewis 1993, 277-279, 328.

167. C'est-à-dire « les ordonnances royales d'intérêt individuel ou local » distinctes des ordonnances accordant des *philanthrôpa* de portée générale ; Lenger 1953.

168. *C.Ord.Ptol.*, n° 64 ; Vernus 1978, 196-198, n° 165 ; Rigsby 1996, 547-549, n° 219 ; Depauw 1997, 127 ; en dernier lieu, van Minnen 2001, 37. Le document est adressé au diœcète qui joue le rôle d'intermédiaire entre le roi et l'administration du nome athribite.

169. Le démotique et le grec ayant été rédigés en parallèle ; voir les remarques de Clarysse 1999, 53-59.

170. Vernus 1991, 243 ; David 2006, 1-2.

171. Baines 2004, 60.

172. « Dans un style froid et convenu » pour reprendre les mots de Savalli-Lestrade 2003, 20. Pour un exemple précis de différence de traitements d'un même événement en fonction des versions hiéroglyphique, grecque et latine, voir la stèle de Cornélius Gallus de Philae (Caire CG 9295 = *OGIS* 654) ; en dernier lieu, Yoyotte *et al.* 1997, 262-264 ; *Fontes Historiae Nubiorum* 2, nos 163-165 ; Costabile 2001 ; Locher 2002, 92-96 (en particulier 92, n. 52).

173. Clarysse 1999, 62.

Dans « la galerie de monstres » que constituent les souverains lagides tels que se sont plu à les dépeindre les auteurs classiques, Évergète II tient bonne place. Le « septième » des Ptolémées, selon Strabon (17.1.12), raillé à travers les surnoms de Kagergètes et de Physkon, se trouve ainsi mis sur le devant de la scène, au même titre que Philopatôr, dont on condamnait les excès dionysiaques, et que Néos Dionysos, le flûtiste, dont les exhibitions publiques demeuraient des plus répréhensibles aux yeux d'un sénateur Romain[174]. Un faisceau de témoignages atteste la cruauté d'Évergète II, manifestée à l'égard de sa propre famille, de la population et des institutions alexandrines. Ces événements s'inscrivent dans des contextes que l'on connaît relativement bien et ils doivent tenir bonne place dans l'étude du règne d'Évergète II. Malheureusement, ils ont souvent été les seuls à être mis en exergue par les historiens modernes, à la suite de leurs prédécesseurs antiques, et ont biaisé quelque peu l'image réelle du règne[175].

En premier lieu, il convient de rappeler combien Évergète II s'est semble-t-il préoccupé d'entretenir des liens étroits avec les clergés d'Égypte, dans un souci évident de soutien de la part de ces classes importantes de la société égyptienne. En ce sens il accepte les requêtes des prêtres de Philae ou d'Héracléion. Dès 144, il se rend à Memphis pour y être couronné selon les rites égyptiens. Voulant tout autant témoigner son intérêt pour le système royal égyptien qu'affirmer sa fonction auprès de ses opposants, il accorde une attention privilégiée au processus de légitimation, en particulier lors de ses visites à Héracléion. Sa venue en l'an 26, un an après sa montée sur le trône, en serait le témoignage le plus probant. De même, dans le décret grec de Karnak, la mention des *triakontétèrides* évoque possiblement les trente ans de la fête-*sed*[176] du cycle de la royauté égyptienne. Ce texte a été récemment mis en relation avec la célèbre visite du couple royal en Haute Égypte, marquée par l'inauguration du temple d'Horus à Edfou, le 10 septembre 142 (an 28)[177].

Après le retour sensible de la prospérité à la fin du règne de Philomètôr, le règne d'Évergète II est marqué autant par des difficultés à l'intérieur du pays que par les interventions militaires en Syrie. Dans les campagnes, le phénomène de l'*anachorésis* se développe, témoignant de la période de crise. C'est dans ce contexte de difficultés sociales et économiques que la chancellerie royale édicte des ordonnances visant à rétablir un climat plus serein et favorable à la reprise économique.

Des documents témoignent en effet de la volonté de restructuration de l'administration, d'une attention évidente pour la bonne marche du royaume. Les sources égyptiennes dans leur diversité –épigraphie grecque et hiéroglyphique, papyrologie grecque– esquissent l'image d'un souverain soucieux de la gestion de son pays. L'ensemble des mesures prises lors des *philanthrôpa* de 145/144 et celles des décrets d'amnistie de 118 font du Lagide l'« auteur d'une abondante législation sensible

Notes

174. En dernier lieu, Nadig 2007.

175. Pour une remise en cause de l'historiographie antique, « véritable miroir déformant » de la dynastie lagide (et en particulier du règne d'Évergète II), Chauveau 1990, 167-168 ; également Bagnall 1981, 21.

176. Criscuolo 1995, 23-24 ; en dernier lieu Bingen 2002, 301-302.

177. *Ibid.*, 302. Rien n'assure cependant un lien direct entre l'affichage du décret grec et la visite d'Évergète II et de Cléopâtre II en 142. S'il était avéré que la mention des *triakontétèrides* corresponde à une célébration de trente années de règne, elle donnerait un *terminus* en 140.

et humaine »[178]. À travers son administration, il se montre à l'écoute des revendications des prêtres, comme l'attestent les échanges épistolaires avec le clergé d'Isis à Philae déjà signalés.

Les données glanées sur la surface de la stèle d'Héracléion apportent des éléments supplémentaires qui viennent enrichir le dossier du long et complexe règne d'Évergète II ; à l'instar de l'inventaire des tenures clérouchiques du nome d'Edfou effectué en 119/118 ou des arpentages réalisés la même année au Fayoum et dans le nome Héracléopolite, les mesures prises traduisent une évidente volonté de remise en ordre des possessions foncières après les troubles des règnes de Philopatôr et d'Épiphane[179].

Deux interrogations pour conclure. Quelle fut la raison de l'érection de cette stèle dans les environs du temple d'Héracléion ? Et pourquoi avoir jugé nécessaire de la présenter sous cette forme monumentale ? À la première question, on a tenté d'apporter une réponse à partir des maigres vestiges que l'érosion provoquée par les eaux de la Méditerranée a bien voulu nous laisser : un texte en l'honneur du souverain et de ses deux épouses, présentant une requête des prêtres dans l'intention de récupérer les revenus de donations foncières et le privilège d'un ancien droit d'asile mis à mal. Le fait même que cette stèle fût érigée suffit à confirmer que les sollicitations des prêtres trouvèrent un écho favorable auprès de l'Évergète, ce que confirme quelques bribes du texte lui-même.

Apporter une explication à la démesure du monument reste plus délicat. Le contenu même du texte justifiait-il à lui seul pareille ostentation ? La taille monumentale de la stèle sur laquelle étaient gravés les deux textes et qui présentait aux yeux de la population égypto-grecque les bienfaits et les mesures édictées par le souverain en faveur des dieux et des hommes ne peut que traduire la primauté accordée à leur contenu. On imaginera donc que la récupération de ces privilèges ancestraux a constitué une démarche de premier plan –sinon vitale– pour les prêtres d'Héracléion. Dans le cas de la prébende de Tell el-Balamoun, « on admettra que les donations faisaient vivre bien du monde et que leur rôle économique était, en effet, prépondérant »[180]. Pour ce qui concerne le seul droit d'asile, on sait l'importance capitale qu'il représentait autant pour le prestige d'une cité que pour la vitalité de son commerce[181]. Il est également avéré que les limites de l'espace sacré s'étendaient au-delà du seul quadrilatère formé par les murs du temenos[182]. Si des stèles ou des bornes –possiblement reliées par des murets ou des cordes– en matérialisaient les limites[183], la force du texte fondateur attestant le privilège de l'asylie suffisait à lui garantir un affichage monumental[184].

Notes

178. Chauveau 2002, 34 ; également Yoyotte *et al.* 1997, 98, n. 145.
179. Manning 2003, 181 : « Major land surveys (...) all in 119/118 BCE, are suggestive of the reform efforts by the rulers ».
180. Meeks 1979, 649.
181. Linant de Bellefonds 2002, 71-72.
182. Le droit d'asile peut également s'étendre aux maisons construites autour du temple jusqu'aux murs de la cité (*C.Ord.Ptol.*, n° 67 ; Ptolémaïs, règne de Cléopâtre VII) ; Thompson 2001, 33 ; van Minnen 2001, 43.
183. Linant de Bellefonds 2002, 72 et n. 29 ; 120 pieds autour du temenos d'Aphrodisias ; 1000 pas autour du temple de Hiérocésarée d'après Tacite, *Annales* 3.62.
184. Tout comme pour les stèles de donation, rien n'empêche de supposer dans notre cas « une stèle destinée à l'affichage et d'autres destinées au bornage » ; Meeks 1979, 609, n. 12.

C'est probablement pour magnifier l'octroi de tels privilèges que furent érigées les statues d'apparat du couple Évergète[185].

Dans l'*emporion* de Thônis-Héracléion, à peu de distance des installations portuaires qui accueillaient le trafic incessant des navires venus des contrées méditerranéennes les plus lointaines, un tel monument devait susciter autant d'étonnement que d'intérêt. À travers cette démesure, ne s'agissait-il pas pour les prêtres de Khonsou-Héraclès et d'Amon-Gereb de fixer à jamais les privilèges et la renommée attachés à leur temple ?

Note

185. Yoyotte dans Goddio, Clauss (éd.) 2006, 164-169. L'attribution de la statue à Évergète II est proposée par Adams 2002, 33-34.

7. Texte hiéroglyphique et traduction suivis

1
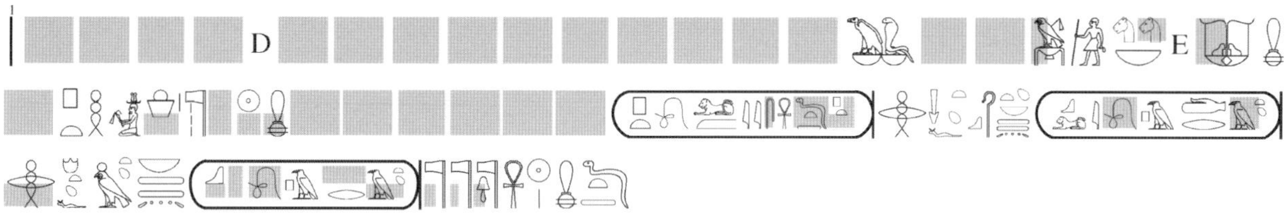

2

3
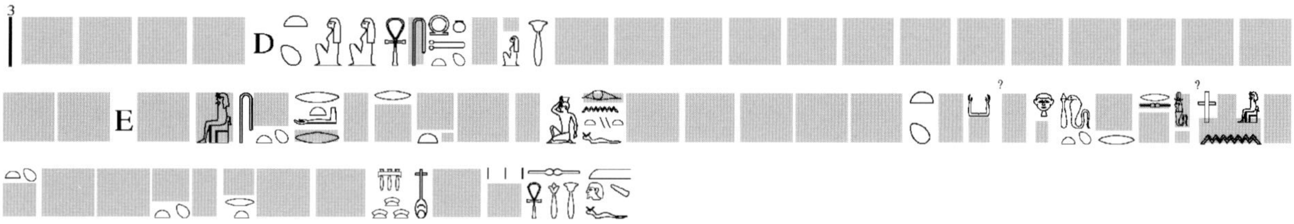

4
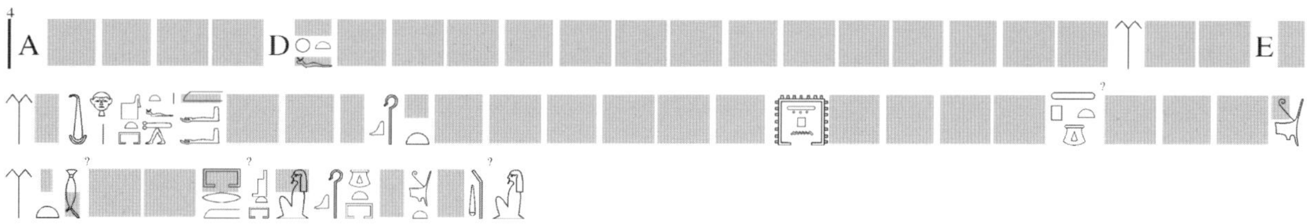

5
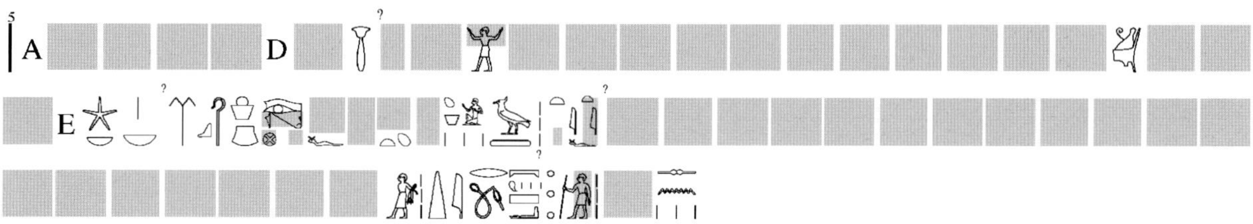

6
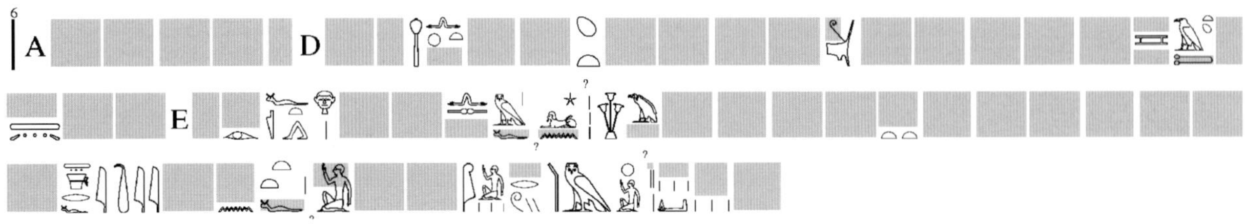

7
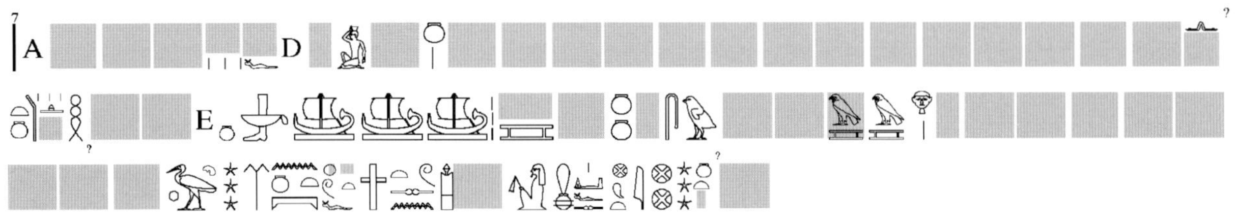

8
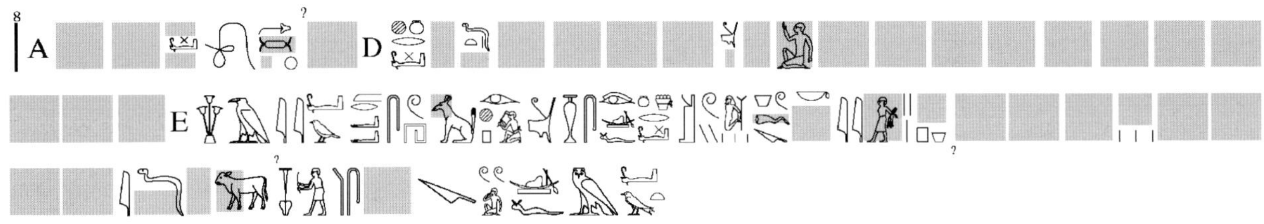

9

10
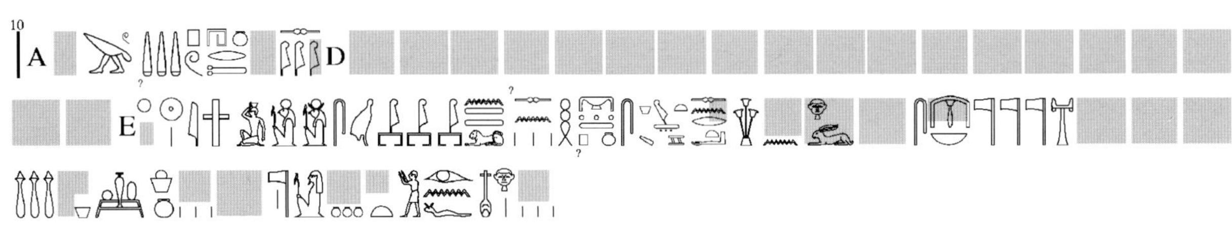

11
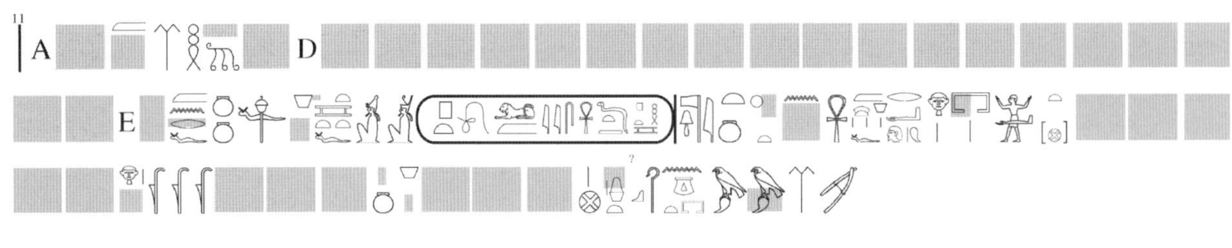

12

13

14
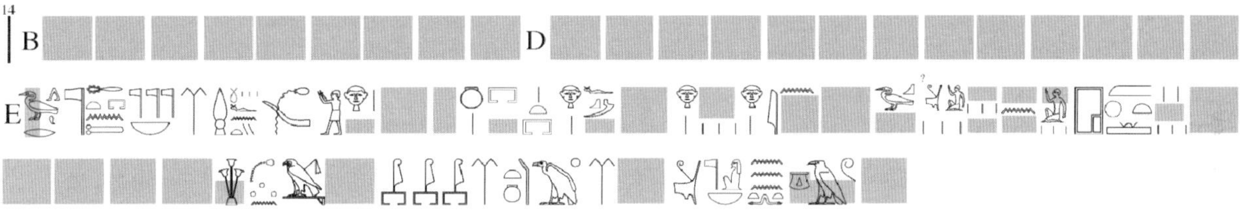

15
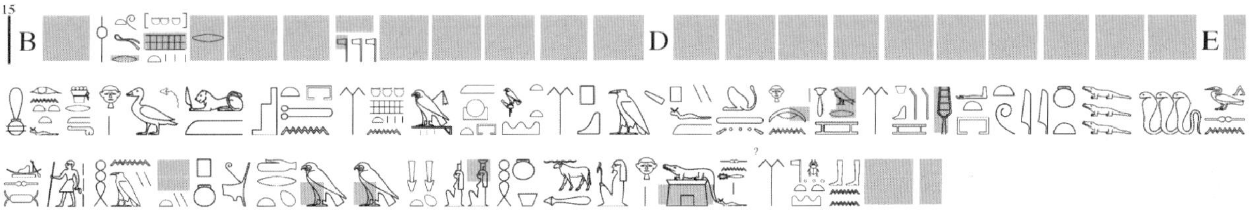

16
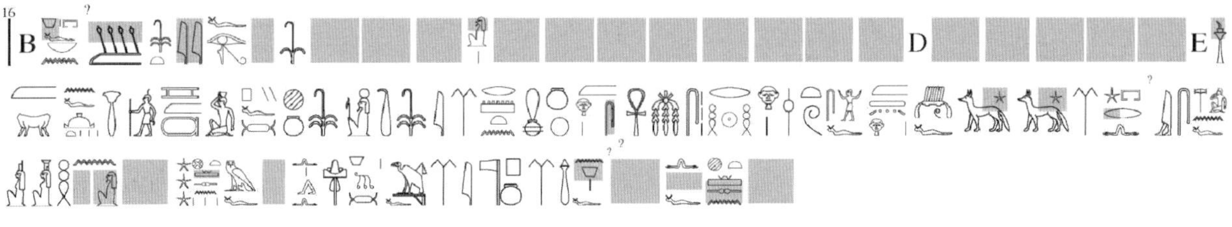

17

18

19
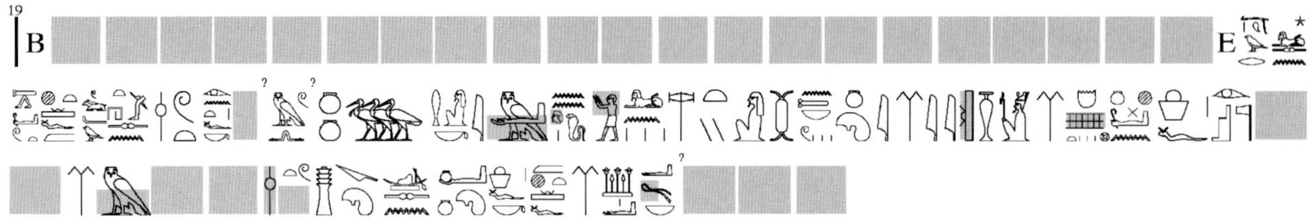

20
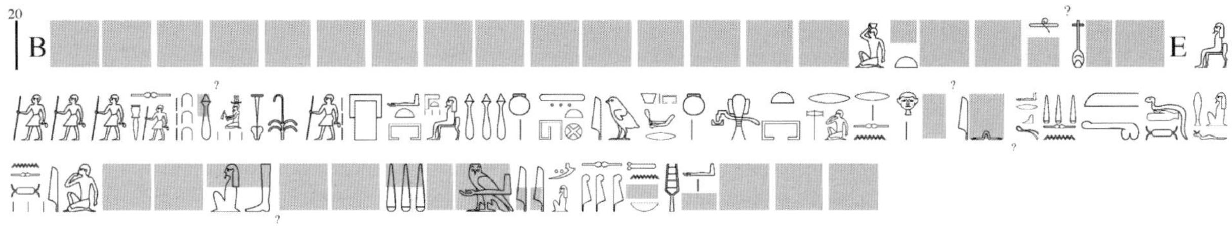

21
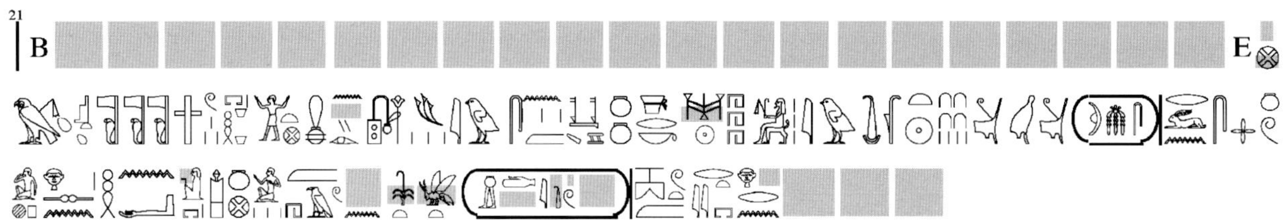

22
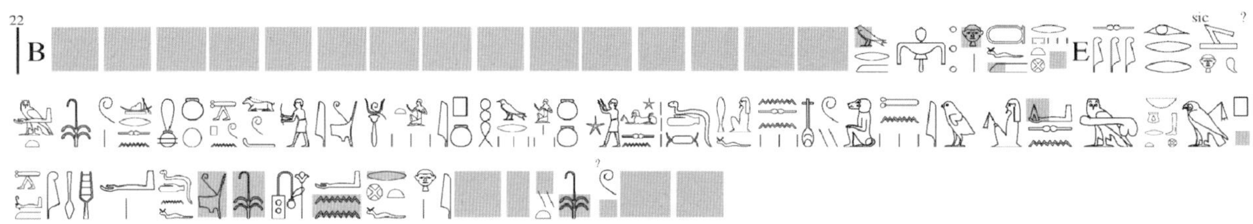

23
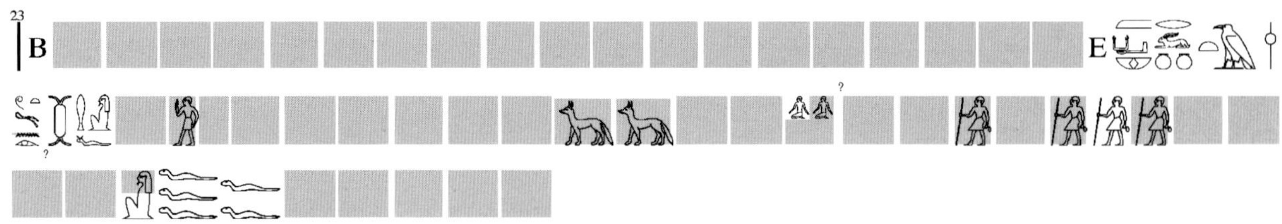

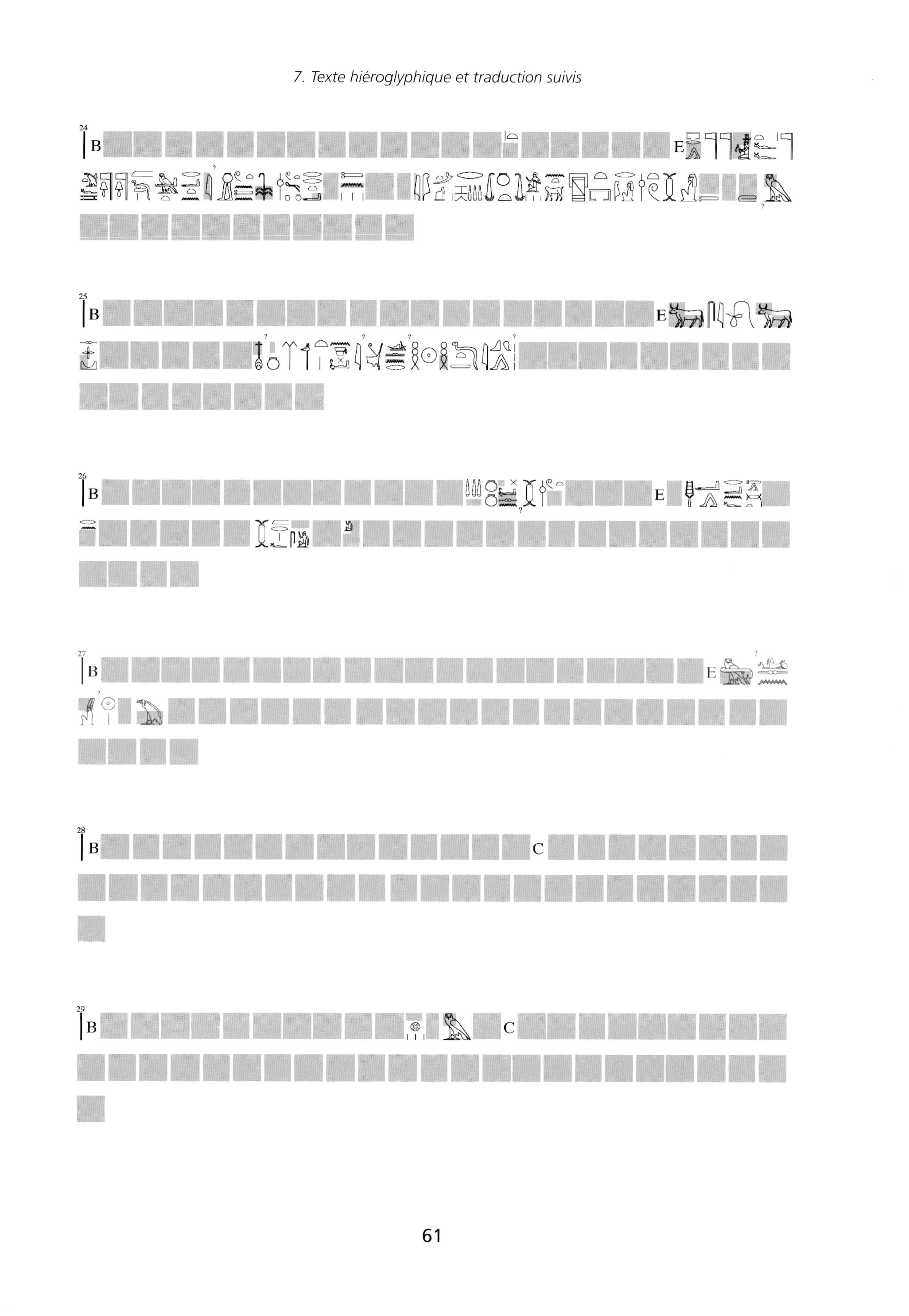

24 B E

25 B E

26 B E

27 B E

28 B C

29 B C

30

31
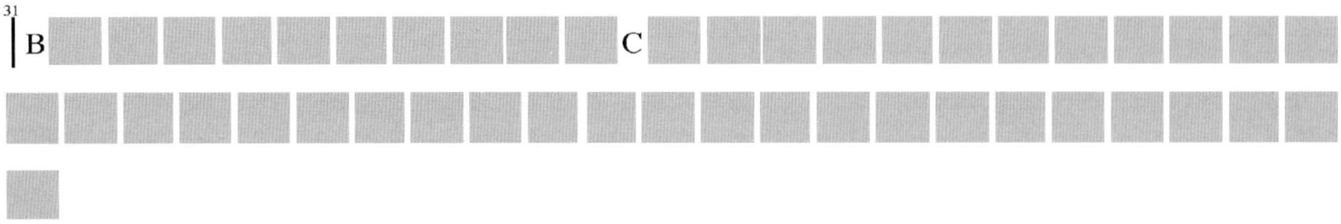

32
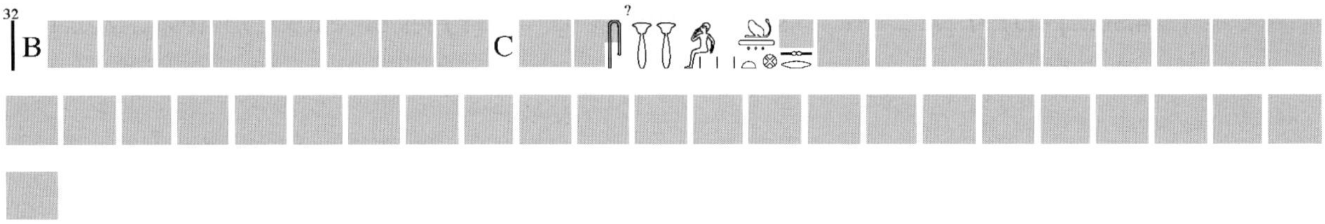

33
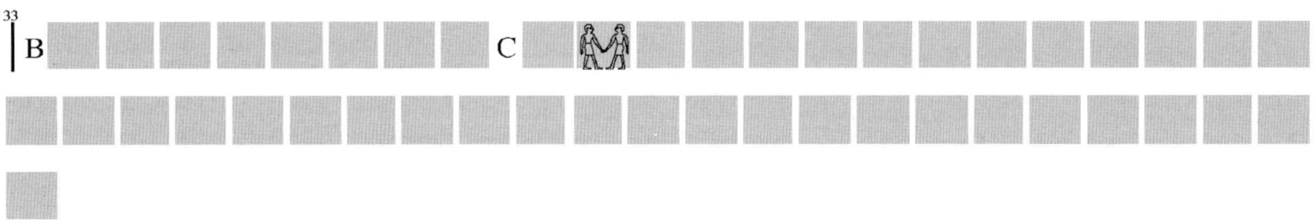

1. [...4c...] (D) [... l'Horus, le jeune homme dont on se réjouit de la vie (étant) sur le trône de son père, celui dont les actions réussissent, celui dont l'éclat est singulier avec l'Apis vivant], Celui des deux déesses, [celui qui réjouit le Double Pays], l'Horus d'or, Grand de puissance, maître (E) des fêtes-*sed* comme [son père] Ptah-Tenen, père des dieux, [souverain] comme Rê, [le roi de Haute et Basse Égypte, (Héritier des dieux Épiphanes, élu de Ptah, qui accomplit la justice de Rê, image vivante d'Amon)|, le Fils de Rê], (Ptolémée, vivant à jamais aimé de Ptah)| et sa sœur, la souveraine, maîtresse du Double Pays, (Cléopâtre)|, et son épouse, le faucon femelle, maîtresse du Double Pays, (Cléopâtre)|, les dieux Évergètes, vivants comme Rê éternellement.

2. [...4c...] (D) [... les dieux Adelphes, les dieux Évergètes], les dieux Philopatôrs, les dieux Épiphanes, le dieu Eupatôr, le dieu Philomètôr, les dieux Évergètes (E) [...*c.* 7c...] sur [terre (?)] (lorsqu')il fait offrande [au] maître (?) [...4c...] Tenen (?), élevé par Mout, maîtresse de Chen (?), qui renouvelle la manifestation de Tenen, le protecteur, éminent dans les Confins des nomes, semence divine de Thot, image [... de] Mon[tou...2c...] tous [...1c...] le corps [...1c...] les déesses [...1,5c...]

3. [...4c...] (D) les deux pleureuses (?), *ʿnḫ=s*, Chentayt [...1c...] Ouadj[yt (?) [...*c.* 14c...] (E) [...1c...] auguste [...1c...] qui donne [...*c.* 13c...] la grande [...3c...] auguste (?) de [...8c...], dont les couronnes resplendissent, parfait de [...1,5c...], qui fait vivre le Double Pays avec ses champs

4. (A) [...4c...] (D) [...*c.* 17c...] (E) [...1,5c...] établi sur le trône de son père, qui saisit [avec ses] bras [...2,5c...] qui gouverne [...*c.* 6c...] le Porche de ce pays [...12,5c...] à côté de la place de (?), qui gouverne le trône [...1/2c...] de... (?)

5. (A) [...4c...] (D) [...*c.* 15c...] la double couronne (?) [...3c...] (E) [...1c...] en tant que souverain de l'Égypte [...*c.* 3,5c...] les hommes et les gens [...*c.* 18c...] qui soumet les Bédouins [...1c...] *=sn*

6. (A) [...4,5c...] (D) [...17c...] (E) [...1,5c...] il accomplit la navigation sur [...2c...] sans... (...2,5c...) notre maître [...12c...] le pays tout entier, le souverain [...*c.* 4c...] qui repousse (*rwj* ?) les Asiatiques [...3c...]

7. (A) [...4,5c...] (D) *=f* [...*c.* 15c...] sans nombre [...3c...] (E) les bateaux gyblites [...2c...] ces [...6c...] les deux dieux (?)[...9c...] les étoiles décanales dans le ciel ; il est [...1/2c...] parmi elles, comme Ioun-[...1c...] lorsqu'il apparaît en présence des étoiles [...1c...]

8. (A) [...2c...] qui repousse le voleur [...1c...] (D) qui emprisonne [...1/2c...] le corps [...*c.* 17c...] (E) la révolte dans les mains de Celui qui hurle, qui tue par la (seule) peur qu'il inspire, qui saisit les opposants, celui au bras large qui tranche les ennemis [...*c.* 11c...] qui abat (?) les Nubiens, qui [...1c...] ceux qui complotent contre lui en de nombreuses victoires (?) (*m nḫt wr.t*)

9. (A) [...1c...] qui tranche avec son couteau la tête de [...1c...] (D) [...*c.* 19c...] (E) image rajeunie (de) Celui dont la peau est resplendissante (= Horus)... image vivante du maître de l'amour, le maître de la crainte, dont le prestige est grand, pourvu de parures en lui ; puisse-t-il sortir vers [...2c...] comme (?) le maître de la joie (?) [...1c...] ; puisse-t-il apparaître [...7c...] *n* [...1c...] lorsqu'il qu'il mange les cœurs et qu'il dévore les cœurs. Ô, prosternez-vous [...1c...]

10. (A) [...1/2c...] ces paroles de joie (?) vers toi [...1/2c...] les décisions (D) [...*c.* 19c...] (E) Rê (?) en lui chaque jour, qui illumine les sanctuaires du Double Pays (?), qui les sanctifie avec l'or de cette terre (?), qui agrandit leur territoire, qui donne plus [que ce qui existait auparavant], qui met en fête les dieux, le[s] autel[s...3c...], les grands [...1c...] les tables d'offrande [...*c.* 5c...]. Il a fait le bien pour [...1c...]

11. (A) [...1,5c...]...(?) (D) [...19c...] (E) [...1,5c...] auquel on ne peut s'opposer, sans pareil, le roi de Haute et Basse Égypte, (Ptolémée, vivant à jamais aimé de Ptah)|, le dieu Évergète, qui illumine [...2c...] vivant (?) lors de ses apparitions ; il s'est montré dans la Maison de la réjouissance [...5c...] les années [...8c...] qui gouverne le trône des deux Maîtres avec amour.

12. (A) [...5c...] (D) [...18c...] (E) il a pensé à leurs chapelles, il a pris soin de leurs temples, il s'est montré vigilant à rechercher *wbn / psḏ* (?), (car) il est à la tête de la troupe (?) [de] tous les dieu[x], en plus de [...1,5c...] augustes [...14c...]*nq* [...3c...]

13. (A) [...5c...] (D) [...17c...] (E) *=f.* Il a transporté l'image d'Amon-Rê, le roi des dieux, vers la Thèbes du Nord, avançant (= le dieu) alors qu'il était à l'extérieur autour du mur d'enceinte [...2c...] sortir pour rendre l'oracle *jw / r* [...1c...] dans les bras [...6c...] sa Majesté en personne (?) était avec lui comme [...5,5c...Gere]b (?), le pays tout entier [...1c...]

14. (B) [...9c...] (D) [...13c...] (E) [il pénétra dans] le sanctuaire de tous les dieux (revêtu) de ses parures de prêtre-*ouâb* [...*c.* 16c...] le temple avec des biens (?) [...6c...] du blé de Basse Égypte pour les dieux [qui sont dans] les temples chaque année *m* [...1c...] pour le dieu, maître de l'eau, sans manque [...1c...]

15. (B) [...1c...] le décret vers les [confins] des nomes [...4c...] les dieux [...5c...] (D) [...10c...] (E) comme ce qu'ont fait ses ancêtres depuis l'origine sur le sol sacré dans cette place, dans les confins des nomes des dieux à l'horizon occidental, dans cet espace ouvert aux confins du pays, sur [le bord] de la mer, en face de cette tombe des dieux et des déesses ; ils (= les ancêtres ?) y (*jm=s*) pénétrèrent pour (?) les grands / vieillards ainsi que, assurément, ce [...1/2c...] des deux milans femelles, les Deux sœurs (Isis et Nephthys), ainsi que l'Âme grande (= Osiris ?) alors qu'elles réunissaient son corps dans le Pays du dieu. S'éloigner [...1,5c...]

16. (B) chacun de ses lieux de recevoir sa royauté, *wḏꜣ / jr* [...12c...] (D) [...*c.* 5c...] (E) [...1/2c...] lorsqu'il a parcouru les îles de la mer en son nom de Khonsou, car il est là jusqu'à aujourd'hui en face d'elle (?), (celui) dont les enfants vivent éternellement, ordonnant qu'il (= le roi) soit exalté dans le pays tout entier ; l'orient et l'occident sont en adoration (?) sans qu'elle soit venue (?). Il a salué / protégé les Deux sœurs (Isis et Nephthys) ainsi qu'[Osiris, l'âme] des dieux [...1c...] leurs biens (?) de lui (*m-ꜥ=f*) [...1/2c...] sans venir / se produire (?) sans cesse (?) ; sa mère a honoré (?) ici ce dieu du fait de la grandeur de (*m ꜥꜣ(.t) n*) son [...2c...], sans [...1c...] leurs biens [...1c...]

17. (B) Il t'a offert le champ [...*c.* 18c...] (E) [...1c...] de l'éternité en hâte (?), dont la vue est belle. Il a installé sa mère Mout (?) dans son nouveau temple ; rien de semblable n'avait été fait depuis le commencement ! L'an 26, le mois d'*epiphi* (= III. *chemou*), [...1c...], sa Majesté vint pour [...1/2c... la Maison] de la réjouissance, [augmentant] la grande offrande de son [père], l'enfant (= Khonsou), conformément à son rituel du besoin annuel [...6c...] les dieux. Un rapport fut fait par les [...1c...] royaux (?) devant sa Majesté

18. (B) [...21c...] (E) [...1/2c...] le roi de Haute et Basse Égypte (Ptolémée)|, le dieu Philopatôr, vers le(s) territoire(s) agricoles extrêmes (?) des confins du pays, surnommés le Temple de l'acacia, pour donner une allocation à [ceux] qui sont en eux [...2c...] Khonsou (et) les dieux et les déesses qui sont dans la ville / temple (?) du Nord [...5c...] sans qu'[il] ne se fût rendu vers son sol en présence du rebelle qui avait la confiance (?) des fonctionnaires. [Il] a offert [...1c...]

19. (B) [...21c...] (E) médisant(s) contre leur maître (et) s'emparant de son bien violemment ; ils ont transgressé le décret qu'avait promulgué ton père, ignorant (?) la puissance de ta Majesté, *jm nn ḥr=k.* Ô notre maître, protecteur de tout (ce qui existe), la faveur (d')Horus t'appartient dans les Confins des nomes, victorieux pour son père Osiris [...4,5c...] ordonnant [d'exécuter ?] ton massacre parmi eux. Ton père t'a offert son bien jusqu'à la fin [...3c...]

20. (B) [...14c...] *=f* [...3c...] *nfr* [...2c...] (E) les grands, les notables, les membres des Trente, les anciens du palais, les membres du corps des fonctionnaires (et) les grands de l'Égypte [se rendirent] vers le lieu privilégié du palais pour prendre conseil à propos de [...1c...] (ils) prêtèrent serment devant <elle>. Sa Majesté leur dit : « Ô [...4c...] les paroles. Faites (?) que j'examine toutes vos doléances ». Alors [...3c...]

21. (B) [...21c...] (E) Harsiésis, les dieux et les déesses qui sont dans la Maison de la réjouissance, conformément aux écrits anciens. Ils constituaient ces donations foncières, depuis le temps des ancêtres jusqu'à l'an 44 du roi de Haute et Basse Égypte (Amasis)|, et il existait un acte (de vente) (?) advenu à leur sujet avec les gardiens du temple d'Héliopolis au temps du [roi de Haute et Basse Égypte] (Da[rius])|. On jugea à la porte au nom [de...3c...]

22. (B) [...*c.* 15c...] grand en argent en son nom dans les temples [...1/4c...] (E) (et) toutes les décisions étant disponibles (?) pour lui. Voyez, il (= le dieu / roi ?) est là contre eux aujourd'hui, (car) ces fonctionnaires ont saisi violemment ces humbles qui adorent leur maître. Sa Majesté leur dit : « Comme sont parfaites vos paroles ! Je vais les placer en présence du maître de Gereb, [ce] dieu qui s'empare en triomphe. Alors, Elle dit [au] scribe de la palette [royale] : « Que [l'on envoie le décret royal...] ».

23. (B) [...19c...] (E) en fête, pour qu'existe [ce] décret qu'a promulgué sa Majesté [...17c...] les grands [...5c...] les dieux [...5c...]

24. (B) [...les dieux Adelphes, les dieux Évergètes, les dieux Philopatôrs,] (E) les dieu[x] Épiphanes, le dieu Eupatôr, le dieu Philomètôr, les deux (*sic*) dieux Évergètes, disant : « Voyez, j'ai fait que l'on vous apporte ce décret royal pour faire que vous [l'affichiez (?) à la porte de rendre] la justice afin de prononcer les sentences. Les membres du conseil de la résidence étant à mes côtés, j'ai ordonné [...*c.* 14c...]

25. (B) [...18c...] (E) ses bovins, ses bœufs (à longues cornes), [ses] bœufs (à petites cornes) [...6c...] auparavant, saisir (?) éternellement et à jamais. (?) [...*c.* 16c

26. (B) [...*c.* 12...] ces paroles puissantes (?) [ ] du décret [...3,5c...] (E) [...1/2c...] alors, il fit que l'on s'empare [...7c...] *n* de sa bouche [...*c.* 21c...]

27. (B) [...*c.* 20c...] (E) devant (?) leur maître Amon-Rê (?), Mout [...*c.* 24c...]

28. (B) et (C) [entièrement perdu]

29. (B) [...11c...] les villes (?) [...2c...] (C) [...]

30. (B) [...9c...] avec assurément (?) [...3c...] (C) [...]

31. (B) et (C) [entièrement perdu]

32. (B) [...8c...] (C) donner vigueur (?) aux enfants (des) Confins du pays [...]

33. (B) [...] (C) [...traces...]

8. Indices de la stèle[186]

8.1. Particularités graphiques

Rédigé en égyptien de tradition, ce texte ne présente pas de graphies rares mais quelques particularités méritent d'être signalées.

jt.w les pères l. 15

ꜥm (?) manger l. 10

mdw les paroles l. 22

n génitif et morphème aspectuel de la forme *sḏm~n=f passim*

nb le maître l. 6, 19 ; l. 22 ; l. 27

nn pronom démonstratif l. 7 (?), 19, 21, 22 ; et négation l. 11, 18

nḥḥ l'éternité / *Ḥꜣ* le dieu Ha ? l. 17

nṯr le dieu l. 22

l. 13 ; [] l. 12, 16 ; l. 23 *nṯr.w* les dieux

l. 15 *nṯr.w nṯr.wt* les dieux et les déesses

hꜣy.w les ancêtres 21

ḥn prendre soin l. 12

ḫ l. 7

ḥnꜥ l. 10 (?)

ḫns parcourir l. 16

Note

186. Ces indices ne concernent que le contenu même de la stèle.

8.2. Glossaire[187]

ꜣy <particule enclitique exclamative>
ḥnꜥ ꜣy avec assurément l. 15, 30 (?)

ꜣw.t-jb
nb ꜣw.t-[jb] (?) le maître de la joie l. 9

ꜣb
n ꜣb sans cesse l. 16

ꜣbw.t
ꜣbw.t rnp(.t) l'image rajeunie l. 9

ꜣḫ.t
ḥnk ꜣḫ.t offrir le champ l. 17

ꜣḫ.t
m ꜣḫ.t jmnt.t à l'horizon occidental l. 15

ꜣḫꜣḫ
dj=f sw ḫft ꜣḫꜣḫ il apparaît en présence des étoiles l. 7

j <interjection>
j ô l. 20
j nb=n ô notre maître l. 19

jj / jw
jj venir l. 16, 17, 18

jꜣwty
jꜣwty.w jpn ces fonctionnaires l. 23
jb (?) n jꜣwty.w avoir la confiance (?) des fonctionnaires l. 18

jw <indicateur d'énonciation>
jw wn swn(.t) et il existe un acte (de vente) (?) l. 21

jw
ḫns jw.w wꜣḏ-wr parcourir les îles de la mer l. 16

Notes

187. Les pronoms et les prépositions courantes sont omis. Les renvois sont faits aux numéros de ligne du texte.

jwꜣ

jwꜣ wnḏw des bœufs (à longues cornes) (et) des bœufs (à petites cornes) l. 25

jwnn

mꜣṯ ḥr jwnn⸗sn penser à leurs chapelles l. 12

jwḥ

jṯj m jwḥ s'emparer violemment l. 19, 23

jb

jb (?) n jꜣwty.w avoir la confiance (?) des fonctionnaires l. 18
wnm jb.w manger les cœurs l. 9

jpjp

ḥꜣ.t-sp 26 jpjp l'an 26, mois d'*epiphi* l. 17

jpn

jꜣwty.w jpn ces fonctionnaires l. 23

jm <impératif de *rdj*>

jm (?) mꜣꜣ⸗j faites que j'examine 20

jmty

jmty l'enfant l. 17

jmnt.t

m ꜣḫ.t jmnt.t à l'horizon occidental l. 15

jnm

ṯḥn jnm à la peau resplendissante l. 9

jnj

jnj apporter l. 24

jry

sḫr.w jry toutes les décisions l. 22

jrj

jrj faire, accomplir l. 15, 19
jrj wḏ.t promulguer un décret l. 23
jrj nḏ(.t) faire offrande l. 2
jrj nfr faire le bien l. 10
jrj ḫp(.t) n (< m) ḥsꜣ jm⸗f tuer par la (seule) peur qu'il inspire l. 8
jrj sqd.t accomplir la navigation l. 6
nn jr mjt.t⸗f ḏr ḥꜣ.t rien de semblable n'avait été fait depuis le commencement l. 17

jḫ.t

jḫ.t les biens l. 16, 19
jṯj jḫ.t=f m jwḥ s'emparer violemment de son bien l. 19

jsw

mj n[t]y r sš jsw conformément aux écrits anciens l. 21

jt

jt le père l. [17], 19
jt.w les pères, les ancêtres l. 15
nḫt n jt=f Wsjr être victorieux pour son père Osiris l. 19
nṯr mry jt=f le dieu Philopâtor l. 18

jt

jt-mḥw n nṯr.w le blé de Basse Égypte pour les dieux l. 14

jty

jty le souverain l. 6

jṯj

jṯj s'emparer l. 26
jṯj m jwḥ s'emparer violemment l. 19, 22
jṯj [m] ʿ.wy saisir [avec] les bras l. 4
jṯj m mꜣʿ-ḫrw s'emparer en triomphe l. 22
jṯj snn n Jmn-Rʿ emporter l'image d'Amon-Rê l. 13

ʿ

jṯj [m] ʿ.wy saisir [avec] les bras l. 4
m ʿ.wy avec ses bras l. 13
wsḫ ḫpš / ʿ au bras large l. 8
ḥꜣʿy.t m rꜣ-ʿ.wy swh la révolte dans les mains de Celui qui hurle l. 8

ʿꜣ

ʿꜣ.t la grande l. 3
ʿꜣ šfy.t dont le prestige est grand l. 9
ʿꜣ.w […] les grands […] l. 10
ʿꜣ.w n Tꜣ-mry les grands de l'Égypte l. 20
bꜣ ʿꜣ l'âme grande l. 15

ʿꜣ.t

m ʿꜣ(.t) n du fait de la grandeur de l. 16

ʿꜣb.t

s[ʿꜣ / wr] ʿꜣb.t augmenter la grande offrande l. 17

ʿwꜣy

[dr ʿ]wꜣy [repousser] le voleur l. 8

ʿpr

ʿpr ẖkrw pourvu de parures l. 9

ʿm

ʿm (?) ḥꜣty.w dévorer les cœurs l. 9

ʿn

sš ʿn [nsw] n ẖf.t-ḥr le scribe de la palette [royale]

ʿnḫ

ʿnḫ l. 3, 11 (?)
ʿnḫ mj Rʿ ḏ.t vivant comme Rê éternellement l. 1
ʿnḫ ms.w r nḥḥ les enfants vivent éternellement l. 16

ʿnḫ

šsp (?) ʿnḫ n nb mrw.t l'image vivante du maître de l'amour l. 9

ʿrq

ʿrq mdw prêter serment l. 20

ʿḥ.t

smsw.w ʿḥ.t les anciens du palais l. 20

ʿḥʿ <aux. narratif>
ʿḥʿ rdj~n⸗f alors il fit que l. 25
ʿḥʿ ḏd~n⸗f alors il dit l. 22
ʿḥʿ [...] l. 20

ʿq

ʿq entrer, pénétrer l. 15
ʿq r ḥwt-nṯr pénétrer dans le sanctuaire l. 14

ʿqꜣ

m-ʿqꜣ mʿḥʿ.t twy en face de cette tombe l. 15

w

ww ḏrw (?) le(s) territoire(s) agricoles extrêmes l. 18

wꜣwꜣ

wꜣwꜣ jm comploter contre (quelqu'un) l. 8

wꜣš

wꜣš (?) honorer l. 16

wꜣḏ

[s]wꜣḏ wꜣḏ.w pḥw tꜣ donner vigueur (?) aux enfants des confins du pays l. 32

wꜣḏ-wr

ḥr [spd.t] wꜣḏ-wr sur [le bord] de la mer l. 15
ẖns jw.w wꜣḏ-wr parcourir les îles de la mer l. 16

wʿb

ẖkrw nty wʿb les parures de prêtre-*ouâb* l. 14

wn

wn exister l. 21, 23

wnm

wnm jb.w manger les cœurs l. 9

wnḏw

jwꜣ wnḏw des bœufs (à longues cornes) (et) des bœufs (à petites cornes) l. 25

wr

wr.w les grands l. 15, 20, [23]

wr

nḫt (?) wr.t de nombreuses victoires l. 8
[wr] m ḥḏ grand en argent l. 22

wḥm

wḥm ḫprw renouveler la manifestation l. 2

wsḫ

wsḫ ḫpš / ʿ au bras large l. 8

wdḥw

wdḥw les tables d'offrandes l. 10

wḏ

wḏ ordonner l. 16, 24
wḏ [jrt] šʿt ordonner [d'accomplir] le massacre l. 19

wḏ / **wḏ.t**

wḏ.t le décret 26
wḏ n [pḥw]-spꜣ.wt le décret des [confins] des nomes l. 15
wḏ-nsw pn ce décret royal l. 24
tꜣ wḏ.t jr~n ḥm=f le décret que sa Majesté a promulgué l. 23
th wḏ transgresser le décret l. 19

wḏꜥ

wḏꜥ m ry.t ḥr rn juger à la porte au nom de l. 21
wḏꜥ mdw prononcer les sentences l. 24

bꜣ

bꜣ ꜥꜣ l'âme grande l. 15

bꜣw

bꜣw ḥm=k la puissance de ta Majesté l. 19

bꜣḥ

m-bꜣḥ devant, en présence de l. 20, [27]
m-bꜣḥ ḥm=f devant sa Majesté l. 17
rdj m-bꜣḥ nb Grb placer (les paroles) en présence du maître de Gereb l. 22
ḏr m-bꜣḥ depuis l'origine l. 15

bꜣkty.w

bꜣkty.w m nw.t les étoiles décanales dans le ciel l. 7

bjꜣy.t

prj r bjꜣy.t sortir pour rendre l'oracle l. 13

bjn

ns bjn r nb mauvaise langue contre le maître l. 19

bw

bw nb n šsp nsy.t chaque lieu de recevoir la royauté l. 16

bnbn

bnbn s'éloigner (?) l. 15

pꜥ.t

pꜥ.t rḫy.t les hommes et les gens l. 5

pw

mdw pw hnw (?) ces paroles de joie l. 10

pfy
m pgꜣ pfy dans cet espace ouvert l. 15
m rn⸗f pfy n Ḫnsw en ce sien nom de Khonsou l. 16

pn
wḏ-nsw pn ce décret royal l. 24
ḥr sꜣṯw⸗f pn sur son sol l. 18
nbw tꜣ pn l'or de ce pays (?) l. 10
nṯr pn ce dieu l. 16, 22
sbḫ.t tꜣ pn le Porche de ce pays l. 4

pr
sḥtp mw.t⸗f m pr⸗s installer sa mère dans son temple l. 17

prj
prj sortir l. 9
prj r bjꜣy.t sortir pour rendre l'oracle l. 13
nṯr.wy pr.wy les dieux Épiphanes l. [2], 23

pḥw
ww ḏrw (?) n pḥw tꜣ le(s) territoire(s) agricoles extrêmes des confins du pays l. 18
pḥw tꜣ les confins du pays l. 33
m pḥw tꜣ aux confins du pays l. 15
voir le toponyme *pḥw-spꜣ.wt*

pẖr
pẖr sbty autour du mur d'enceinte l. 13

pgꜣ
m pgꜣ pfy dans cet espace ouvert l. 15

mꜣꜣ
mꜣꜣ sḫr.w examiner les doléances l. 20
nfr mꜣꜣ dont la vue est parfaite l. 17

mꜣꜥ-ḫrw
jṯj m mꜣꜥ-ḫrw s'emparer en triomphe l. 22

mꜣwt
sḥtp (…) m pr n-mꜣwt installer (…) dans le temple à nouveau l. 17

mꜣṯ
mꜣṯ ḥr penser à l. 12

mjn
mjn aujourd'hui l. 22
r-mn mjn jusqu'à aujourd'hui l. 16

mjt.t
nn jr mjt.t⸗f ḏr ḥꜣ.t rien de semblable n'avait été fait depuis le commencement l. 17

mꜥḥꜥ.t
m-ꜥqꜣ mꜥḥꜥ.t twy en face de cette tombe l. 15

mw
nb mw le maître de l'eau l. 14

mw-nṯry
mw-nṯry n Ḏḥwty la semence divine de Thot l. 2

mw.t
mw.t la mère l. 16
sḥtp mw.t⸗f m pr⸗s installer sa mère dans son temple l. 17

mn
mn ḥr s.t être établi sur le trône l. 3

mn
r-mn mjn jusqu'à aujourd'hui l. 16
ḏr rk hꜣy.w r-mn ḥꜣ.t-sp 44 depuis le temps des ancêtres jusqu'à l'an 44 l. 21

mnḫ
nṯr mnḫ le dieu Évergète l. 11

mrj
nṯr mry jt⸗f le dieu Philopâtor l. 18

mrw.t
ḥqꜣ ns.t Nb.wy m mrw.t gouverner le trône des deux Maîtres avec amour l. 11
šsp (?) ꜥnḫ n nb mrw.t l'image vivante du maître de l'amour l. 9

mḥw
jt-mḥw n nṯr.w le blé de Basse Égypte pour les dieux l. 14
wꜣs.t mḥw Thèbes du Nord l. 13

ms
ꜥnḫ ms.w r nḥḥ les enfants vivent éternellement l. 16

mk

m mk en fête l. 23

mṯn

mṯ(n) voyez ! l. 22, 24

mdw

mdw les paroles l. 20
mdw nn nẖt (?) ces paroles puissantes l. 26
mdw pw hnw (?) ces paroles de joie l. 10
wḏꜥ mdw prononcer les sentences l. 24
ꜥrq mdw prêter serment l. 20
nfr=wy mdw=ṯn comme sont parfaites vos paroles ! l. 22

n / *nn* <négation>

nn l. 11, 18

nt-ꜥ

mj nt-ꜥ=f n ẖr.t rnp.t conformément à son rituel du besoin annuel l. 17

njw.t

njw.wt (?) les villes l. 29

nꜥy

nꜥy m-[ḥr] avancer l. 13

nw.t

bꜣkty.w m nw.t les étoiles décanales dans le ciel l. 7

nb

nb le maître l. 2 (?), 6, 27
nb mrw.t le maître de l'amour l. 9
nb snḏ le maître de la crainte l. 9
j nb=n ô notre maître l. 19
ns bjn r nb mauvaise langue contre le maître l. 19
dwꜣ nb adorer le maître l. 22
voir Noms et épithètes royaux

nb

nb.w tous 2
nḏty n nt(y) nb.w le protecteur de tout (ce qui existe) l. 19
sẖr.w=ṯn nb toutes vos doléances 20

nbw
nbw tꜣ pn l'or de ce pays (?) l. 10

nfr
jrj nfr faire le bien l. 10
nfr mꜣꜣ dont la vue est parfaite l. 17
nfr=wy mdw=ṯn comme sont parfaites vos paroles ! l. 22

nn
nn ces l. 7 (?)
mdw nn nḫt (?) ces paroles puissantes l. 26
ḥwr.w nn ces humbles gens l. 22
ḫm (?) nn ignorer cela l. 19
sꜣḥ(.w) nn ces donations foncières l. 21

nḥḥ
nḥḥ éternellement l. 17
r nḥḥ éternellement l. 16
r nḥḥ ḏ.t éternellement et à jamais l. 25

nḫt
nḫt n jt=f Wsjr être victorieux pour son père Osiris l. 19
mdw nn nḫt (?) ces paroles puissantes l. 26

nḫt
nḫt (?) wr.t de nombreuses victoires l. 8

ns
ns bjn r nb mauvaise langue contre le maître l. 19

ns.t
ḥqꜣ ns.t Nb.wy m mrw.t gouverner le trône des deux Maîtres avec amour l. 11

nsy.t
šsp nsy.t recevoir la royauté l. 16

nsw
nsw nṯr.w le roi des dieux l. 13

nsw-bjty
nsw-bjty (Jꜥḥ-ms)| le roi de Haute et Basse Égypte (Amasis)| l. 21
nsw-bjty (Ptwlmys ꜥnḫ ḏ.t mry Ptḥ)| le roi de Haute et Basse Égypte (Ptolémée, vivant à jamais aimé de Ptah)| l. 11
nsw-bjty (Ptwlmys)| *nṯr mry jt=f* le roi de Haute et Basse Égypte (Ptolémée)| le dieu Philopâtor l. 18

nṯr / nṯr.t

nṯr pn ce dieu l. 16, 22
nṯr mry jt=f le dieu Philopâtor l. 18
nṯr mnḫ le dieu Évergète l. 11
nṯr nb mw le dieu maître de l'eau l. 14
nṯr.wy pr.wy les dieux Épiphanes l. [2], 23
nṯr.w les dieux l. 15, 16, 17, 23
nṯr[.w] r-ꜣw tous les dieux l. 12
nṯr.w nṯr.wt jmy.w njw.t mḥ.t (?) les dieux et les déesses qui sont dans la Ville du Nord l. 18
nṯr.w nṯr.wt jmy.w Pr-ḥꜥꜥ les dieux et les déesses qui sont dans la Maison de la réjouissance l. 21
nṯr.wt les déesses l. 2
jt-mḥw n nṯr.w le blé de Basse Égypte pour les dieux l. 14
Pḥw-spꜣ.wt n nṯr.w les Confins des nomes des dieux l. 15
mꜥḥꜥ.t twy nṯr.w nṯr.wt cette tombe des dieux et des déesses l. 15
nsw nṯr.w le roi des dieux l. 13
ḥw.t-nṯr n nṯr.w nb(.w) pénétrer dans le sanctuaire de tous les dieux l. 14
sḥb nṯr.w mettre les dieux en fête l. 10

nḏ

nḏ sn.ty saluer / protéger les deux sœurs l. 16
nḏr-rꜣ prendre conseil l. 20
jrj nḏ(.t) faire offrande l. 2

nḏty

nḏty le protecteur l. 2
nḏty n nt(y) nb.w le protecteur de tout (ce qui existe) l. 19

nḏr

nḏr saisir l. 25
nḏr ṯsty.w saisir les opposants l. 8

rꜣ

m rꜣ=f de sa bouche l. 26
voir *nḏ-rꜣ*

rꜣ-pr

rꜣ.w-pr.w les temples l. 22

ry.t

wḏꜥ m ry.t ḥr rn juger à la porte au nom de l. 21

rꜥ

rꜥ-nb chaque jour l. 10

rwj

rwj (?) ꜥꜣm.w repousser les Asiatiques l. 6

rw.t-dj-mꜣꜥ.t

[rw.t-d]j-mꜣꜥ.t la porte de rendre la justice l. 24

rwty

m-rwty à l'extérieur l. 13

rn

wḏꜥ m ry.t ḥr rn juger à la porte au nom de l. 21
m rn⸗f pfy n Ḫnsw en ce sien nom de Khonsou l. 16
ḥr rn⸗f en son nom l. 22

rnp.t

rnp.wt les années l. 11
m ṯnw rnp.t chaque année l. 14
mj nt-ꜥ⸗f n ẖr.t rnp.t conformément à son rituel du besoin annuel l. 17

rnpj

ꜣbw.t rnp(.t) l'image rajeunie l. 9

rr

rr n Mw.t élevé par Mout l. 2

rḫy.t

pꜥ.t rḫy.t les hommes et les gens l. 5

rs

rs-tp ḥr se montrer vigilant à l. 12

rk

ḏr rk hꜣy.w r-mn depuis le temps des ancêtres jusqu'à l. 21

rdj

rdj donner, faire que l. 3, 24
rdj m-bꜣḥ nb Grb placer (les paroles) en présence du maître de Gereb l. 22
rdj ḥꜣ[w ḥr wnt] donner plus [que ce qui existait] l. 10
rdj ḥtr donner une allocation l. 18
rdj-tp se montrer l. 11
dj⸗f sw il apparaît l. 9
dj⸗f sw ḫft ꜣḫꜣḫ il apparaît en présence des étoiles l. 7

hꜣw

m-hꜣw n nsw-bjty (Jnd[r]yw[š])| à l'époque du roi de Haute et Basse Égypte (Darius)| l. 21

hꜣty.w

ḏr rk hꜣy.w r-mn depuis le temps des ancêtres jusqu'à l. 21

hnw

mdw pw hnw (?) ces paroles de joie l. 10

ḥꜣ.t

m ḥꜣ.t auparavant l. 25

ḏr ḥꜣ.t depuis le commencement l. 17

ḥꜣ.t-sp

ḥꜣ.t-sp 26 jpjp l'an 26, mois d'*epiphi* l. 17

ḥꜣ.t-sp 44 n nsw-bjty (Jʿḥ-ms)| l'an 44 du roi de Haute et Basse Égypte (Amasis)| l. 21

ḥꜣw

rdj ḥꜣ[w ḥr wnt] donner plus [que ce qui existait] l. 10

ḥꜣʿy.t

ḥꜣʿy.t m rꜣ-ʿ.wy swh la révolte dans les mains de Celui qui hurle l. 8

ḥꜣty

ʿm (?) ḥꜣty.w dévorer les cœurs l. 9

ḥw.t

tꜣ ḥw.t-šnṯ le temple de l'acacia l. 18

ḥw.t-nṯr

ʿq r ḥwt-nṯr pénétrer dans le sanctuaire l. 14

ḥwnw

ḥwnw le jeune homme (= néos) C5

ḥwr

ḥwr.w nn ces humbles l. 22

ḥp.t

m ḥp.t (?) en hâte l. 17

ḥm

ḥm=f sa Majesté l. 17 (2), 20, 22

ḥm[=f] ḏ.t[=f] [sa] Majesté en personne l. 13

bꜣw ḥm=k la puissance de ta Majesté l. 19

tꜣ wḏ.t jr~n ḥm=f le décret que sa Majesté a promulgué l. 23

ḥn

ḥn sḫm.w prendre soin des temples l. 12

ḥnk

ḥnk offrir l. 18, 19

ḥnk ꜣḫ.t offrir le champ l. 17

ḥsꜣ

jrj ḫp(.t) n (< m) ḥsꜣ jm⸗f tuer par la (seule) peur qu'il inspire l. 8

ḥsw.t

n⸗k jmj ḥsw.t Ḥr m pḥw-spꜣ.wt la faveur d'Horus t'appartient dans les Confins des nomes l. 19

ḥqꜣ

ḥqꜣ gouverner l. 4

ḥqꜣ ns.t gouverner le trône l. 4

ḥqꜣ ns.t Nb.wy m mrw.t gouverner le trône des deux Maîtres avec amour l. 11

ḥqꜣ

ḥqꜣ Bꜣq.t le souverain de l'Égypte l. 5

ḥtr

rdj ḥtr donner une allocation l. 18

ḥḏ

[wr] m ḥḏ grand en argent l. 22

ḫꜣw.t

ḫꜣw.t l'autel l. 10

ḫꜥ

ṯḥn ḫꜥ.w dont les couronnes resplendissent l. 3

ꜥnḫ m ḫꜥ.w⸗f vivant (?) lors de ses apparitions l. 11

ḫp.t

jrj ḫp(.t) (< m) ḥsꜣ jm⸗f tuer par la (seule) peur qu'il inspire l. 8

ḫpr

ḫpr advenir l. 21

ḫpš

wsḫ ḫpš / ꜥ au bras large l. 8

ḫft-ḥr

voir *sš ꜥn [nsw] n ḫf.t-ḥr*

ḫm

ḫm (?) nn ignorer cela l. 19

ḫnr

ḫnr emprisonner l. 8

ḫns

ḫns jw.w wꜣḏ-wr parcourir les îles de la mer l. 16

ḫsf

nn ḫsf sans opposition l. 11

ẖ.t

sꜣq ẖ.t m Tꜣ-nṯr réunir le corps (d'Osiris) dans le Pays du dieu l. 15

ẖnw

ḏꜣḏꜣ.t nt ẖnw les membres du conseil de la Résidence l. 24

ẖr.t

mj nt-ꜥ=f n ẖr.t rnp.t conformément à son rituel du besoin annuel l. 17

ẖkr

ẖkrw nty wꜥb les parures de prêtre-*ouâb* l. 14
ꜥpr ẖkrw pourvu de parures l. 9

s.t

s.t la place, le trône l. 4
s.t tn m Pḥw-spꜣ.wt n nṯr.w cette place dans les Confins des nomes des dieux l. 15
mn ḥr s.t être établi sur le trône l. 3

sꜣw

sꜣw.w pr Jwnw les gardiens du temple d'Héliopolis l. 21

sꜣḥ

sꜣḥ(.w) nn ces donations foncières l. 21

sꜣq

sꜣq ẖ.t m Tꜣ-nṯr réunir le corps (d'Osiris) dans le Pays du dieu l. 15

sꜣṯw

ḥr sꜣṯw ḏsr sur le sol sacré l. 15
ḥr sꜣṯw=f pn sur son sol l. 18

sꜥnḫ

sꜥnḫ Tꜣ.wy m tp(.w) faire vivre le Double Pays avec les champs l. 3

swn.t

jw wn swn(.t) et il existait un acte (de vente) (?) l. 21

swh

ḥꜣʿy.t m rꜣ-ʿ.wy swh la révolte dans les mains de Celui qui hurle l. 8

swsẖ

swsẖ tꜣš agrandir le territoire l. 10

sbty

pẖr sbty autour du mur d'enceinte l. 13

spd.t

ḥr [spd.t] n wꜣḏ-wr sur [le bord] de la mer l. 15

smꜣ

smꜣ (?) Nḥs[y.w] abattre les Nubiens l. 8

smj

smj m-bꜣḥ ḥm=f faire un rapport / se plaindre devant sa Majesté l. 17

smr

smr.w les notables l. 20

smsw

smsw.w ʿḥ.t les anciens du palais l. 20

sn.t

nḏ sn.ty saluer / protéger les deux sœurs l. 16

ḏr.ty sn.ty les deux milans femelles, les deux sœurs l. 15

snn

jṯj snn n Jmn-Rʿ emporter l'image d'Amon-Rê l. 13

snḏ

nb snḏ le maître de la crainte l. 9

sḥb

sḥb nṯr.w mettre les dieux en fête l. 10

sḥtp

sḥtp mw.t=f m pr=s installer sa mère dans son temple l. 17

sḥḏ

sḥḏ gs.w-pr.w illuminer les sanctuaires l. 10

sḫm
ḥn sḫm.w prendre soin des temples l. 12

sḫm.ty
sḫm.ty la double couronne l. 5

sḫr
sḫr.w les décisions l. 10
sḫr.w jry toutes les décisions l. 22
mꜣꜣ sḫr.w nb.w examiner toutes les doléances l. 20

sš
mj n[t]y r sš jsw conformément aux écrits anciens l. 21

sš
sš ꜥn [nsw] n ḫf.t-ḥr le scribe de la palette [royale] l. 22

sqꜣ
sqꜣ m tꜣ ḥr ꜣw=f exalter dans le pays tout entier l. 16

sqd.t
jrj sqd.t accomplir la navigation l. 6

stj
m stj <n> en présence de l. 18

stp-sꜣ
r bw ḏsr n stp-sꜣ vers l'endroit privilégié du palais l. 20

šꜣꜥ
m-šꜣꜥ jusqu'à la fin l. 19

šꜥ.t
wḏ [jrt] šꜥt ordonner [d'accomplir] le massacre l. 19

šps
šps auguste l. 3
šps.w augustes l. 12

šfy.t
ꜥꜣ šfy.t dont le prestige est grand l. 9

šnṯ
tꜣ ḥw.t-šnṯ le temple de l'acacia l. 18

šsp
šsp nsy.t recevoir la royauté l. 16

šsp
šsp (?) ꜥnḫ n nb mrw.t l'image vivante du maître de l'amour l. 9

qꜣ
qꜣ m Pḥ-spꜣ.wt éminent dans les Confins des nomes l. 2

qnb.t
qnbty.w les membres du corps des fonctionnaires l. 20

kbn
kbn.w les navires gyblites l. 7

gꜣw
jwtt gꜣw sans manque l. 14

grg
grg (?) être disponible l. 22

gs
r-gs (?) à côté de l. 24

gs-pr
gs.w-pr.w les temples l. 14
sḥḏ gs.w-pr.w illuminer les sanctuaires l. 10

tꜣ
tꜣ ḥr ꜣw=f le pays tout entier l. 16
tꜣ ḏr=f le pays tout entier l. 6, 13
ww ḏrw (?) n pḥw tꜣ le(s) territoire(s) agricoles extrêmes des confins du pays l. 18
pḥw tꜣ les confins du pays l. 33
m pḥw tꜣ aux confins du pays l. 15
nbw tꜣ pn l'or de ce pays (?) l. 10

tꜣš
swsḫ tꜣš agrandir le territoire l. 10

tj <aux. d'énonciation>
tj sw jm car il est là l. 16

twy
m-ꜥqꜣ mꜥḥꜥ.t twy en face de cette tombe l. 15

tp

ds / [m]ds n (< m) dm.t⸗f tp trancher la tête avec le couteau l. 9

tp

sʿnḫ Tꜣ.wy m tp(.w) faire vivre le Double Pays avec les champs l. 3

th

th wḏ transgresser le décret l. 19

ṯnw

m ṯnw rnp.t chaque année l. 14
nn ṯnw sans nombre l. 7

ṯḥn

ṯḥn ḫʿ.w dont les couronnes resplendissent l. 3
ṯḥn jnm à la peau resplendissante l. 9

ṯsty.w

nḏr ṯsty.w saisir les opposants l. 8

dꜣr

dꜣr ḥry.w-š soumettre les Bédouins l. 5

dwꜣ

dwꜣ nb adorer le maître l. 22

dm / ds

dm / ds k[y.w] trancher les ennemis l. 8
ds / [m]ds n (< m) dm.t⸗f tp trancher la tête avec le couteau l. 9

dm.t

ds / [m]ds n (< m) dm.t⸗f tp trancher la tête avec le couteau l. 9

ḏ.t

ḏ.t le corps l. 2, 8
ḥm[⸗f] ḏ.t[⸗f] [sa] Majesté en personne l. 13

ḏ.t

ʿnḫ mj Rʿ ḏ.t vivant comme Rê éternellement l. 1
r nḥḥ ḏ.t éternellement et à jamais l. 25

ḏꜣḏꜣ.t

ḏꜣḏꜣ.t nt ẖnw les membres du conseil de la Résidence l. 24

ḏʿr

ḏʿr (?) rechercher l. 12

ḏr

tꜣ ḏr⸗f le pays tout entier l. 6, 13

ḏr

ḏr m-bꜣḥ depuis l'origine l. 15
ḏr rk hꜣy.w r-mn depuis le temps des ancêtres jusqu'à l. 21
ḏr ḥꜣ.t depuis le commencement l. 17

ḏr.t

ḏr.ty sn.ty les deux milans femelles, les deux sœurs l. 15

ḏrw

ww ḏrw (?) n pḥw tꜣ le(s) territoire(s) agricoles extrêmes des confins du pays l. 18

ḏsr

ḏsr (?) ḥ<nꜥ> nbw tꜣ pn sanctifier avec l'or de ce pays (?) l. 10
r bw ḏsr n stp-sꜣ vers l'endroit privilégié du palais l. 20
ḥr sꜣṯw ḏsr sur le sol sacré l. 15

ḏd

ḏd dire l. 20, 22 (2)
ḏd⸗tw n⸗sn surnommés l. 18
m-ḏd disant l. 24

8.3. Noms et épithètes royaux

Amasis

nsw-bjty (*Jʿḥ-ms]*)| le roi de Haute et Basse Égypte (Amasis)| l. 21

Arsinoé II

nb(.t) [Tꜣ.wy] (*J[...]*)| la maîtresse [du Double Pays] (A[rsinoé])| C4

nṯr.t [mry.t] sn[=s] la déesse [qui aime son] frère C4

Cléopâtre II

sn.t=f ḥqꜣ.t nb(.t) Tꜣ.wy (*Qljwpꜣdrꜣ*)| sa sœur, la souveraine, maîtresse du Double Pays (Cléopâtre)| l. 1

Cléopâtre III

ḥm.t=f ḥr.t nb(.t) Tꜣ.wy (*Qljwpꜣdrꜣ*)| son épouse, le faucon femelle, la maîtresse du Double Pays (Cléopâtre)| l. 1

Darius Ier

nsw-bjty (*Jnd[r]yw[š]*)| le roi de Haute et Basse Égypte (Darius)| l. 21

Ptolémée Philopâtor

(*Ptwlmys*)| *nṯr mry jt=f* (Ptolémée)| le dieu Philopâtor l. 18

nṯr.wy mr.wy jt les dieux Philopâtors l. 2

Ptolémée Épiphane

nṯr.wy pr.wy les dieux Épiphanes l. [2], 23

Ptolémée Néos Philopâtor (= Memphitès)

[nṯr] ḥwnw [mry jt=f] [le dieu] Néos [Philopâtor] C15

Ptolémée Eupator

nṯr ṯnj jt=f le dieu Eupator l. [2], 23

Ptolémée Philomètôr

nṯr mry mw.t=f le dieu Philomètôr l. [2], 23

Ptolémée Évergète II

nb.ty [shr Tꜣ.wy] Ḥr-nbw wr pḥty nb ḥb.w-sd mj [jt=f] Ptḥ-ṯnn jt nṯr.w [ḥqꜣ] mj Rʿ Celui des deux déesses, [celui qui réjouit le Double Pays], l'Horus [d'or], Grand de puissance, maître des fêtes-*sed* comme [son père] Ptah-Tenen, père des dieux, [souverain] comme Rê l. 1

nsw-bjty (*Ptwlmys ʿnḫ ḏ.t mry Ptḥ*)| *nṯr mnḫ* le roi de Haute et Basse Égypte (Ptolémée, vivant à jamais aimé de Ptah)|, le dieu Évergète l. 11

nṯr.wy mnḫ.wy les deux dieux Évergètes l. 23

nṯr.w mnḫ.w les dieux Évergètes l. 1, [2]
ꜣbw.t rnp(.t) (n) ṯḥn jnm (?) l'image rajeunie (de) Celui dont la peau est resplendissante l. 9
jr ḫp(.t) n (< m) ḥsꜣ jm=f qui tue par la (seule) peur qu'il inspire l. 8
jty le souverain l. 6
jṯ [m] ꜥ.wy[=f] qui saisit [avec ses] bras l. 4
ꜥpr m ḫkr.w pourvu de parures l. 9
wḥm ḫprw n Ṯnn qui renouvelle la manifestation de Tanen l. 4
wsḫ ꜥ / ḫpš ds / dm k[y.w] celui au bras large qui tranche les ennemis l. 8
mw nṯry n Ḏḥwty la semence divine de Thot l. 2
mn ḥr s.t jt=f établi sur le trône de son père l. 4
nb snḏ ꜥꜣ šfy.t le maître de la crainte, dont le prestige est grand l. 9
nḏr ṯsty.w qui saisit les opposants l. 8
rwj (?) ꜥꜣm.w qui repousse les Asiatiques l. 6
rr n Mw.t élevé par Mout l. 2
rd ḥꜣ[w ḥr wnt m-bꜣḥ / ḫr-ḥꜣ.t] qui donne plus [que ce qui existait auparavant] l. 10
ḥqꜣ [...] qui gouverne [ ] l. 4
ḥqꜣ Bꜣq.t le souverain de l'Égypte l. 5
ḥqꜣ ns.t qui gouverne le trône l. 4
ḫnr [...] qui emprisonne [...] l. 8
sꜥnḫ Tꜣ.wy m tp(.w) qui fait vivre le Double Pays avec les champs l. 3
swsḫ tꜣš=sn qui agrandit leur territoire l. 10
smꜣ (?) Nḥsy.w qui abat les Nubiens l. 8
sḥb nṯr.w qui met en fête les dieux l. 10
sḥḏ gs.w-pr.w qui illumine les sanctuaires l. 10
šsp (?) ꜥnḫ n nb mrw.t l'image vivante du maître de l'amour l. 9
ṯḥn ḫꜥ.w dont les couronnes resplendissent l. 3
dꜣr ḥry.w-š qui soumet les Bédouins l. 5
[dr ꜥ]wꜣy qui repousse le voleur l. 8
ds / [m]ds n (< m) dm.t=f tp n [...] qui tranche avec son couteau la tête [...] l. 9
[...] ḥꜣꜥy.t m rꜣ-ꜥ.wy Swh [...] la révolte dans les mains de Celui qui hurle l. 8
[...] wꜣwꜣ jm=f m nḫt (?) wr.t [...] ceux qui complotent contre lui en de nombreuses victoires (?) l. 8

8.4. Divinités et épithètes divines

8.5. Toponymes, ethniques et lieux de culte

ꜥꜣm.w les Asiatiques l. 6

wꜣs.t mḥw Thèbes du Nord l. 13

wꜣḏ-wr la mer, voir Glossaire

bꜣq.t l'Égypte l. 5

pr Jwnw le temple d'Héliopolis l. 21

pr-ḥꜥꜥ la Maison de la réjouissance l. 11, 17, 21

pḥw tꜣ les confins du pays l. 33, voir Glossaire

pḥw-spꜣw.t les Confins des nomes l. 15, 19

pḥw-spꜣ.wt n nṯr.w les Confins des nomes des dieux l. 15

njw.t / pr mḥw (?) la ville / le temple du Nord l. 18

nḥs[y.w] les Nubiens l. 8

ḥww jmnt (?) le Harpon de l'Ouest C3

ḥry.w-š les Bédouins l. 5

9. Bibliographie

IG Philae = BERNAND, A. 1969. *Les inscriptions grecques de Philae* I. *Époque ptolémaïque*. Paris.

LGG = LEITZ, C. (éd.) 2002. *Lexikon der ägyptischen Götter und Götterbezeichnungen*. Orientalia Lovaniensia Analecta 110-116. Louvain.

WPL = WILSON, P. 1997. *A Ptolemaic Lexikon*. Orientalia Lovaniensia Analecta 78. Louvain.

ADAMS, N. 2002. Another Hellenistic Royal Portrait from the Temple of Apollo at Cyrene? *Libyan Studies* 33, 29-44.

ALLAM, S. 1991. Egyptian Law Courts in Pharaonic and Hellenistic Times. *The Journal of Egyptian Archaeology* 77, 109-127.

ALLAM, S. 1995. *Quenebete* et administration autonome en Égypte pharaonique. *Revue internationale des droits de l'antiquité* 42, 11-69.

ALLAM, S. 1996. Aspects de la vie sociale, juridique et municipale à Deir el-Médineh. *Méditerranées* 6/7, 195-231.

ALLAM, S. 2001. Chief of the Qenbet? *Zeitschrift für ägyptische Sprache und Altertumskunde* 128, 84-85.

ALLAM, S. 2002. Elders (Πρεσβύτεροι) – Notables – Great Men *rmṯ.w ꜥꜣ.yw* – *ẖl-ꜥꜣ.yw* , dans K. Ryholt (éd.), *Acts of the Seventh International Conference of Demotic Studies. Copenhagen, 23-27 August 1999*. Carsten Niebuhr Institute of Ancient Near Eastern Studies 27. Copenhagen, 1-26.

BAGNALL, R.S. 1981. Egypt, the Ptolemies, and the Greek World. *Bulletin of the Egyptological Seminar* 3, 5-21.

BAGNALL, R.S., DEROW, P. (éd.) 2004. *The Hellenistic Period. Historical Sources in Translation*. Oxford.

BAINES, J. 2004. Egyptian Elite Self-Presentation in the Context of Ptolemaic Rule, dans W.V. Harris, G. Ruffini (éd.), *Ancient Alexandria Between Egypt and Greece*. Columbia Studies in the Classical Tradition 26. Leyde, 33-61.

BARGUET, A. 1985. *Hérodote. L'Enquête*, Livres I à IV. Paris.

BARBANTANI, S. 2005. Goddess of Love and Mistress of the Sea. Notes on a Hellenistic Hymn to Arsinoe-Aphrodite (*P.Lit.Goodsp.* 2, I-IV). *Ancient Society* 35, 135-165.

BERNAND, A. 1966. *Alexandrie la Grande*. Paris.

BERNAND, A. 1970. *Le Delta égyptien d'après les textes grecs* I. *Les Confins libyques*, 3 vols, Mémoires publiés par les membres de l'Institut français d'archéologie orientale 91. Le Caire.

BERNAND, A., GODDIO, F. 2002. *L'Égypte engloutie. Alexandrie*. Londres.

BERNAND, É. 1983. *Inscriptions grecques d'Égypte et de Nubie : répertoire bibliographique des IGRR*. Paris.

BERNAND, É. 2001. *Inscriptions grecques d'Alexandrie ptolémaïque*. Bibliothèque d'Étude 133. Le Caire.

BING, P. 2002-2003. Posidippus and the Admiral: Kallikrates of Samos in the Milan Epigrams. *Greek, Roman and Byzantine Studies* 43, 243-266.

BINGEN, J. 1982. L'asylie pour une synagogue *CIL* III Suppl. 6583 = *CIJ* 1449, dans *Studia Paulo Naster Oblata* II. *Oriens Antiquus*. Louvain, 11-16.

BINGEN, J. 2002. Le décret sacerdotal de Karnak (142 *a.C.*). *Chronique d'Égypte* 77, 295-302.

BONNEAU, D. 1966. Compte rendu de M.-T. Lenger, *Corpus des Ordonnances des Ptolémées (C. Ord. Ptol.)*. Bruxelles, 1964. *Revue d'Égyptologie* 18, 216-217.

BRADBURY, L. 1996. *Kpn*-Boats, Punt Trade, and a Lost Emporium. *Journal of the American Research Center in Egypt* 33, 37-60.

BRESCIANI, E. 1996. Cambyse, Darius I et le droit des temples égyptiens. *Méditerranées* 6/7, 103-113.

BRIANT, P. 1996. *Histoire de l'Empire perse de Cyrus à Alexandre*. Paris.

BRICAULT, L. 2006. *Isis, Dame des flots*. Liège.

BRISSAUD, P. 1997. Tanis, énigmes et histoires. *Bulletin de la Société Française d'Égyptologie* 138, 18-35.

BRISSAUD, P., CHAUVET, V., HAIRY, I. 1998. Deux siècles de fouilles à Tanis : analyse des divers modes d'intervention sur le site, dans P. Brissaud, C. Zivie-Coche (éd.), Tanis. Travaux Récents 1. Paris, 87-88.

BROZE, M. 1989. *La princesse de Bakhtan. Essai d'analyse stylistique*. Monographies Reine Elisabeth 6. Bruxelles.

CASEVITZ, M. (éd). 1991. *Diodore de Sicile. Bibliothèque Historique*. Livres I et II. Paris.

CHANDEZON, C. 2001. Remarques sur les systèmes fiscaux en Égypte et dans les cités grecques, dans S.H. Aufrère (éd.), *La vallée du Nil et la Méditerranée. Voies de communication et vecteurs culturels*. Orientalia Monspeliensia 12. Montpellier, 67-81.

CHAUVEAU, M. 1986. Un compte en démotique archaïque : le *Pap. Claude* 1. *Enchoria* 14, 21-29.

CHAUVEAU, M. 1990. Un été 145. *Bulletin de l'Institut français d'archéologie orientale* 90, 135-168.

CHAUVEAU, M. 1991a. Un contrat de « hiérodule » : Le P. Dém. Fouad 2. *Bulletin de l'Institut français d'archéologie orientale* 91, 119-127.

CHAUVEAU, M. 1991b. Un été 145 - Post-scriptum, *Bulletin de l'Institut français d'archéologie orientale* 91, 129-134.

CHAUVEAU, M. 1997. *L'Égypte au temps de Cléopâtre 180-30 av. J.-C.* Paris.

CHAUVEAU, M. 2000. Encore Ptolémée «VII» et le dieu Néos Philopatôr ! *Revue d'Égyptologie* 51, 257-261.

CHAUVEAU, M. 2002. Des rois grecs en Égypte, dans A. Charron (éd.), *La mort n'est pas une fin. Pratiques funéraires en Égypte, d'Alexandre à Cléopâtre. Catalogue d'exposition, Musée de l'Arles antique, 28 septembre 02-5 janvier 03*. Arles, 22-37.

CHRISTENSEN, T. 2001. New Evidence on Land in the Apollonopolite Nome, dans I. Andorlini, G. Bastianini, M. Manfredi, G. Menci (éd.), *Atti del XXII Congresso Internazionale di Papirologia (Firenze 1998)*. Florence, 201-206.

CHRISTENSEN, T. 2003. *P.Haun.* inv. 407 and Cleruchs in the Edfu Nome, dans K. Vandorpe, W. Clarysse (éd.), *Edfu, an Egyptian Provincial Capital in the Ptolemaic Period, Brussels, 3 september 2001*. Bruxelles, 11-16.

CLARYSSE, W., VANDORPE, K. 1998. The Ptolemaic Apomoira, dans H. Melaerts (éd.), *Le culte du souverain dans l'Égypte ptolémaïque au IIIe siècle avant notre ère*. Studia Hellenistica 34. Louvain, 5-42.

CLARYSSE, W. 1999. Ptolémées et les temples, dans D. Valbelle, J. Leclant (éd.), *Le décret de Memphis. Colloque de la Fondation Singer-Polignac à l'occasion de la célébration du bicentenaire de la découverte de la Pierre de Rosette*. Paris, 41-65.

CLARYSSE, W. 2000. The Ptolemies Visiting the Egyptian Chora, dans L. Mooren (éd.), *Politics, Administration and Society in the Hellenistic and Roman World*. Studia Hellenistica 36. Louvain, 29-53.

COLLOMP, P. 1926. *Recherches sur la chancellerie et la diplomatique des Lagides*. Paris.

COSTABILE, F. 2001. Le *Res Gestae* di Cornelio Gallo nella trilingue di *Philae*. Nuove letture e interpretazioni. *Minima Epigraphica et Papyrologica* IV/6, 297-330.

COULON, L. 2001. Quand Amon parle à Platon (la statue Caire JE 38033). *Revue d'Égyptologie* 52, 85-125.

COULON, L. 2003. Le sanctuaire de Chentayt à Karnak, dans Z. Hawass (éd.), *Egyptology at the Dawn of the Twenty-first Century. Proceedings of the Eighth International Congress of Egyptologists Cairo, 2000*. vol. 1. Le Caire, 138-146.

CRAWFORD, D.J. 1971. *Kerkeosiris. An Egyptian Village in the Ptolemaic Period*. Cambridge.

CRAWFORD, D.J. 1978. The good official of Ptolemaic Egypt, dans H. Maehler, V.M. Strocka (éd.), *Das Ptolemäische Ägypten : Akten des internationalen Symposions, Deutsches Archäologisches Institut, 27.-29. September 1976 in Berlin*. Mayence, 195-202.

CRISCUOLO, L. 1995. L'Epigrafia Greca a Tebe, dans S. Vleeming (éd.), *Hundred-Gated Thebes. Acts of a Colloquium on Thebes and the Theban Area in the Graeco-Roman Period*. Papyrologica Lugduno-Batava 27. Leyde, 21-29.

CRUM, W.E. 1939. *A Coptic Dictionnary*. Oxford.

CUVIGNY, H. 1985. *L'arpentage par espèces dans l'Égypte ptolémaïque d'après les papyrus grecs*. Papyrologica Bruxellensia 20. Bruxelles.

DARESSY, G. 1911. Un décret de l'an XXIII de Ptolémée Épiphane. *Recueil de travaux relatifs à la philologie et à l'archéologie égyptiennes et assyriennes* 33, 1-8.

DARESSY, G. 1917. Un second exemplaire du décret de l'an XXIII de Ptolémée Épiphane. *Recueil de travaux relatifs à la philologie et à l'archéologie égyptiennes et assyriennes* 38, 175-179.

DARNELL, J.C. 1992. The *Kbn.wt* Vessels of the Late Period, dans J.H. Johnson (éd.), *Life in a Multi-Cultural Society. Egypt from Cambyses to Constantine and Beyond*. Studies in Ancient Oriental Civilizations 51. Chicago, 67-89.

DAUMAS, F. 1952. *Les moyens d'expression du Grec et de l'Égyptien comparés dans les décrets de Canope et de Memphis*. Supplément aux Annales du Service des Antiquités de l'Egypte 16. Le Caire.

DAUMAS, F. 1958. *Les mammisis des temples égyptiens*. Annales de l'université de Lyon III/32. Paris.

DAVID, A. 2006. *Syntactic and Lexico-Semantic Aspects of the Legal Register in Ramesside Royal Decrees*. Göttinger Orientforschungen IV/38,5. Wiesbaden.

DE MEULENAERE, H. 1954. Les valeurs du signe [hieroglyph] à la Basse Époque. *Bulletin de l'Institut français d'archéologie orientale* 54, 73-82.

DE MEULENAERE, H., MACKAY, P. 1976. *Mendes* II. Warminster.

DEMICHELIS, S. 2002. *Il calendario delle feste di Montu. Papiro ieratico CGT 54021*, verso. Catalogo del Museo egizio di Torino 9. Turin.

DEPAUW, M. 1997. *A Companion to Demotic Studies*. Papyrologica Bruxellensia 28, Bruxelles.

DERCHAIN, P. 1995. La justice à la porte d'Évergète, dans D. Kurth (éd.), 3. *Ägyptologische Tempeltagung. Systeme und Programme der ägyptischen Tempeldekoration*. Ägypten und Altes Testament 33/1. Wiesbaden, 1-12.

DERCHAIN, P. 1998. Le pique-nique de l'Aulète, dans W. Clarysse, A. Schoors, H. Willems (éd), *Egyptian Religion. The Last Thousand Years. Studies Dedicated to the Memory of Jan Quaegebeur*. Orientalia Lovaniensia Analecta 85. Louvain, 1155-1167.

DERCHAIN-URTEL, M.-T. 1978. Zum besseren Verständnis eines Textes aus Esna. *Göttinger Miszellen. Beiträge zur ägyptologischen Diskussion* 30, 27-34.

DERCHAIN-URTEL, M.-T. 1992. *Tꜣ-Mrj* – "Terre d'héritage", dans M. Broze, P. Talon (éd.), *L'atelier de l'orfèvre. Mélanges offerts à Ph. Derchain*. Louvain, 55-61.

DEVAUCHELLE, D. 1995. Le sentiment anti-perse chez les anciens Égyptiens. *Transeuphratène* 9, 67-80.

DILS, P. 1998. La couronne d'Arsinoé II Philadelphe, dans W. Clarysse, A. Schoors, H. Willems (éd.), *Egyptian Religion. Studies J. Quaegebeur* 2. Orientalia Lovaniensia Analecta 85/2. Louvain, 1309-1330.

DUNAND, F. 1979. Droit d'asile et refuge dans les temples en Égypte lagide, dans J. Vercoutter (éd.), *Hommages S. Sauneron* 2. Bibliothèque d'Étude 82. Le Caire, 77-97.

EGBERTS, A. 1995. *In Quest of Meaning. A Study of the Ancient Egyptian Rites of Consecrating the Meret-Chests and Driving the Calves*. Egyptologische Uitgaven 8. Leyde.

ELDAMATY, M. 2005. *Ein ptolemäisches Priesterdekret aus dem Jahr 186 v. Chr. Ein neue Version von Philensis II in Kairo*. Archiv für Papyrusforschung und verwandte Gebiete 20. München, Leipzig.

EL-SAYED, R. 1982. Un document relatif au culte dans Kher-aha (Statue Caire CG. 682). *Bulletin de l'Institut français d'archéologie orientale* 82, 187-204.

ENGSHEDEN, Å. 2003. *La reconstitution du verbe en égyptien de tradition 400-30 avant J.-C.* Uppsala Studies in Egyptology 3. Uppsala.

ERICHSEN, W. 1954. *Demotisches Glossar*. Copenhague.

FASSONE, A. 2005. Canopo e le sue acque : il fiume, il lago, il mare. Vita e religiosità in età tardo-faraonica e greco-romana, dans A. Amenta, M. Sordi, M. Luiselli (éd.), *L'acqua nell'antico Egitto. Vita, rigenerazione, incantesimo, medicamento*. Rome, 135-140.

GABOLDE, L., GOYON, J.-C. 2008. Une stèle en granit noir remployée sur le parvis de la chapelle d'"Osiris qui inaugure l'arbre-iched". *Kyphi* 6, 5-23.

GABOLDE, M. 1995. L'inondation sous les pieds d'Amon. *Bulletin de l'Institut Français d'archéologie Orientale* 95, 235-258.

GALLET, L. 2001. À propos d'un bas-relief ptolémaïque : le bloc Berlin inv. 2116. *Bulletin de l'Institut français d'archéologie orientale* 101, 183-196.

GEISSEN, A., WEBER, M. 2005. Untersuchungen zu den ägyptischen Nomenprägungen V. 1.-4. unterägyptischer Gau. *Zeitschrift für Papyrologie und Epigraphik* 153, 291-316.

GEISSEN, A., WEBER, M. 2006. Untersuchungen zu den ägyptischen Nomenprägungen VII. 7.-10. unterägyptischer Gau und die Oase Siwa. *Zeitschrift für Papyrologie und Epigraphik* 157, 277-304.

GEOFFRET, P. 2001. Petite contribution à la toponymie :  . *Kyphi* 3, 7-17.

GODDIO, F., CLAUSS, M. (éd) 2006. *Ägyptens versunkene Schätze. 13. Mai-4. Sept 2006, Martin-Gropius-Bau Berlin*. Munich.

GODDIO, F. 2007. *The Topography and Excavation of Heracleion-Thonis and East Canopus (1996-2006)*. Underwater Archaeology in the Canopic region in Egypt 1. Oxford Centre for Maritime Archaeology. Oxford.

GRAEFE, E. 1980. *Studien zu den Göttern und Kulten im 12. und 10. oberägyptischen Gau*. Fribourg.

GRAJETSKI, W. 2000. Die höchsten Beamten der ägyptischen Zentralverwaltung zur Zeit des Mittleren Reiches. Prosopographie, Titel und Titelreihen. Achet 2. Berlin.

GRANDET, P. 1994. *Papyrus Harris I : BM 9999*. 2 vols. Bibliothèque d'Étude 109. Le Caire.

GRENIER, J.-C. 1983. Ptolémée Évergète II et Cléopâtre II d'après les textes de Tôd, dans N. Bonacasa et A. Di Vita (éd.), *Alessandria e il mondo ellenistico-romano. Studi in onore di Achille Adriani*. vol. 1. Rome, 32-37.

GRENIER, J.-C. 1993. *Museo Gregoriano Egizio, Guide Cataloghi Musei Vaticani* 2. Rome.

GRIMAL, N.-C. 1981. *La stèle triomphale de Pi('ankh)y au Musée du Caire*. Mémoires publiés par les membres de l'Institut français d'archéologie orientale 105. Le Caire.

GUÉRAUD, O. 1931-1932. ΕΝΤΕΥΞΕΙΣ. *Requêtes et plaintes adressées au roi d'Égypte au IIIe siècle avant J.-C.* Publications de la Société Royale Égyptienne de Papyrologie. Textes et documents 1. Le Caire.

GUERMEUR, I., THIERS, C. 2001. Un éloge xoïte de Ptolémée Philadelphe. La stèle BM EA 616. *Bulletin de l'Institut français d'archéologie orientale* 101, 197-219.

GUERMEUR, I. 2005. *Les cultes d'Amon hors de Thèbes. Recherches de géographie religieuse.* Bibliothèque de l'École pratique des hautes études. Sciences religieuses 123. Turnhout.

GUTBUB, A. 1973. *Textes fondamentaux de la théologie de Kom Ombo*, 2 vols. Bibliothèque d'Étude 47. Le Caire.

HAUBEN, H. 1983. Arsinoé II et la politique extérieure de l'Égypte, dans E. Van't Dack, P. van Dessel, W. van Gucht (éd.), *Egypt and the Hellenistic World. Proceedings of the International Colloquium Leuven 24-26 May 1982*. Studia Hellenistica 27. Louvain, 99-127.

HEINTZ, G. (éd.) 1997. *Oracles et prophéties dans l'Antiquité. Actes du Colloque de Strasbourg 15-17 juin 1995*. Travaux du Centre de recherche sur le Proche-Orient et la Grèce antiques 15. Paris.

HELCK, W. 1974. *Die altägyptischen Gaue*. Tübinger Atlas des Vorderen Orients B5. Wiesbaden.

HOFFMEIER, J.K. 1985. *Sacred in the Vocabulary of Ancient Egypt. The term ḏsr, with special Reference to Dynasty I-XX*. Orbis Biblicus et Orientalis 59. Fribourg.

HÖLBL, G. 2001. *A History of the Ptolemaic Empire*. Londres.

HUSS, W. 1994. *Der makedonische König und die ägyptischen Priester. Studien zur Geschichte des ptolemaiischen Ägypten*. Historia Einzelschrift 85. Stuttgart.

HUSS, W. 1995. Memphis und Alexandreia in hellenistischer Zeit, dans *Alessandria e il mondo ellenistico-romano. Alessandria, 23-27 Novembre 1992*. Rome, 75-82.

HUSS, W. 2001. *Ägypten in hellenistischer Zeit 332-30 v. Chr.* Munich.

HUTTNER, U. 1997. *Die politische Rolle der Heraklesgestalt im griechischen Herrschertum*. Historia Einzelschrift 112. Stuttgart.

JANSEN-WINKELN, K. 1999. *Sentenzen und Maximen in den Privatinschriften der ägyptischen Spätzeit*. Achet 1. Berlin.

JONES, D. 1988. *A Glossary of Ancient Egyptian Nautical Titles and Terms*. London.

JONES, D. 2000. *An Index of Ancient Egyptian Titles, Epithets and Phrases of the Old Kingdom*. 2 vols. British Archaeological Reports 866. Oxford.

JOURDAIN-ANNEQUIN, C., BONNET, C. 2001. Images et fonctions d'Héraclès : les modèles orientaux et leurs interprétations, dans S. Ribichini, M. Rocchi, P. Xella (éd.), *La questione delle influenze vicino-orientali sulla religione greca*. Rome, 195-223.

KAMAL, A. bey. 1902. Le pylône de Qous. *Annales du Service des Antiquités de l'Égypte* 3, 215-235.

KAMAL, A. bey. 1904-1905. *Stèles ptolémaïques et romaines*, CGC 22001-22208. 2 vols. Le Caire.

KOCKELMAN, H. 2008. *Praising the Goddess. Afp* 15, Berlin.

KRUCHTEN, J.-M. 1997. La terminologie de la consultation de l'oracle de l'Amon thébain à la Troisième période intermédiaire, dans J.-G. Heintz (éd.), *Oracles et prophéties dans l'Antiquité. Actes du Colloque de Strasbourg 15-17 juin 1995*. Travaux du Centre de recherche sur le Proche-Orient et la Grèce antiques 15. Paris, 55-64.

KURTH, D. 2004. *Edfou VII*, 2 vols. Die Inschriften des Tempels von Edfu. Wiesbaden.

LACAU, P., CHEVRIER, H. 1977-1979. *Une chapelle d'Hatshepsout à Karnak*. Le Caire.

LADYNIN, I.A. 2005. "Adversary *Ḫšryš(ꜣ)*" : His Name and Deeds According to the Satrap Stela. *Chronique d'Égypte* 80, 87-113.

LANCIERS, E. 1991. Die ägyptischen Priester des ptolemäischen Königskultes. *Revue d'Égyptologie* 42, 117-145.

LAPINI, W. 2004. Poseidippo, *Ep.* 110 Austin-Bastianini. *Zeitschrift für Papyrologie und Epigraphik* 149, 45-48.

LARONDE, A. 1987. *Cyrène et la Libye hellénistique.* Libykai historiai *de l'époque républicaine au principat d'Auguste.* Paris.

LARONDE, A. 1999. Alexandrie et Cyrène, dans *Alexandrie : une mégalopole cosmopolite.* Cahiers de la villa Kérylos 9. Paris, 91-112.

LENGER, M.-T. 1953. La notion de "bienfait" (philanthrôpon) royal et les ordonnances des rois lagides, dans M. Lauria *et al.* (éd.), *Studi in onore di V. Arangio-Ruiz nel XLV anno del suo insegnamento* vol.1. Naples, 483-499.

LENGER, M.-T. 1956. Décret d'amnistie de Ptolémée Évergète II et lettre aux forces armées de Chypre. *Bulletin de correspondance hellénique* 80, 437-461.

LENGER, M.-T. 1964. *Corpus des Ordonnances des Ptolémées (C. Ord. Ptol.)*. Bruxelles.

LENGER, M.-T. 1990. *C. Ord. Ptol. Bilan des additions et corrections (1964-1988). Compléments à la bibliographie.* Papyrologica Bruxellensia 24. Bruxelles.

LEWIS, N. 1986. *Greeks in Ptolemaic Egypt. Case Studies in the Social History of the Hellenistic World.* New York, Oxford.

LEWIS, N. 1993. The demise of the Demotic document : when and why. *The Journal of Egyptian Archaeology* 79, 276-281.

LINANT DE BELLEFONDS, P. 2002. Sanctuaire et asylie : à propos d'un relief figuré d'époque antonine à Aphrodisias de Carie, dans Linant de Bellefonds (éd.), *Rites et cultes dans le monde antique.* Cahiers de la Villa Kérylos 12. Paris, 61-75.

LLOYD, A.B. 1988. *Herodotus : Book II, Commentary on 99-182.* 3 vols. Études préliminaires aux religions orientales dans l'empire romain 43. Leyde.

LOCHER, J. 2002. Die Anfänge der römischen Herrschaft in Nubien und der Konflikt zwischen Rom und Meroe. *Ancient Society* 32, 73-133.

LOPRIENO, A. 1998. Le pharaon reconstruit : la figure du roi dans les textes littéraires après le Nouvel Empire. *Bulletin de la Société Française d'Égyptologie* 142, 4-24.

LURJE, I.M. 1971. *Studien zum altägyptischen Recht des 16. bis 10. Jahrhunderts v. u. Z.* Forschungen zum römischen Recht 30. Weimar.

MANNING, J.G. 2003. *Land and Power in Ptolemaic Egypt. The Structure of Land Tenure.* Cambridge.

MCGING, B.C. 1997. Revolt Egyptian Style. Internal Opposition to Ptolemaic Rule. *Archiv für Papyrusforschung und verwandte Gebiete* 43, 285-289.

MEEKS, D. 1972. *Le grand texte des donations au temple d'Edfou*. Bibliothèque d'Étude 59. Le Caire.

MEEKS, D. 1979. Les donations aux temples dans l'Égypte du Ier millénaire avant J.-C., dans E. Lipinska (éd.) *State and Temple Economy in the Ancient Near East* 2. Orientalia Lovaniensia Analecta 6. Louvain, 605-687.

MEEKS, D. 1997. Navigation maritime et navires égyptiens : les éléments d'une controverse, dans D. Meeks, D. Garcia (éd.), *Techniques et économie antiques et médiévales : le temps de l'innovation (Colloque Aix-en-Provence, mai 1996)*. Paris, 175-194.

MEEKS, D. 1999. Dictionnaires et lexicographie de l'égyptien ancien. Méthodes et résultats. *Bibliotheca Orientalis* 56, col. 570-594.

MEEKS, D. 2002. Coptos et les chemins de Pount, dans *Topoi* Suppl. 3. Lyon, 267-335.

MEEKS, D. 2006. *Mythes et légendes du Delta d'après le papyrus Brooklyn 47.218.84*. Mémoires publiés par les membres de l'Institut français d'archéologie orientale 125. Le Caire.

MÉLÈZE-MODRZEJEWSKI, J. 1975. Chrématistes et laocrites, dans J. Bingen, G. Cambier, G. Nachtergael (éd), *Le Monde grec. Pensée, Littérature, histoire, documents. Hommage à Claire Préaux*. Bruxelles, 699-708.

MENDEL, D. 2003. *Die kosmogonischen Inschriften in der Barkenkapelle des Chonstempels von Karnak*. Monographies Reine Elisabeth 9. Bruxelles.

MENU, B. 1991. Le serment dans les actes juridiques de l'ancienne Égypte, dans R. Verdier (éd.), *Le serment* I. *Signes et fonctions*. Paris, 329-344 (= Bibliothèque d'Étude 122. Le Caire, 1998, 27-42).

MINAS, M. 1996. Die Dekorationstätigkeit von Ptolemaios VI. Philometor und Ptolemaios VIII. Evergetes II. an ägyptischen Tempeln. *Orientalia Lovaniensia Periodica* 27, 51-78.

MINAS, M. 1997. Die Dekorationstätigkeit von Ptolemaios VI. Philometor und Ptolemaios VIII. Evergetes II. an ägyptischen Tempeln. *Orientalia Lovaniensia Periodica* 28, 87-121.

MINAS, M. 2000. *Die hieroglyphischen Ahnenreihen der ptolemäischen Könige*. Aegyptiaca Treverensia 9. Mayence.

MONTET, P. 1961. *Géographie de l'Égypte ancienne* 2. vols. Paris.

MONTEVECCHI, O. 1973. *La papirologia*. Turin.

MORSCHAUSER, S. 1991. *Threat-Formulae in Ancient Egypt. A Study of the History, Structure and Use of Threats and Curses in Ancient Egypt.* Baltimore.

NADIG, P. 2007. *Zwischen König und Karikatur. Das Bild Ptolemaios'VIII. im Spannungsfeld und Überlieferung.* Münchener Beiträge zur Papyrusforschung und antiken Rechtsgeschichte 97. Munich.

OSING, J. 1998. *Hieratische papyri aus Tebtunis I, The Carlsberg Papyri 2.* Carsten Niebuhr Institute Publications 17. Copenhague.

PARKER, R.A. 1962. *A Saite Oracle Papyrus from Thebes.* Providence.

PERDU, O. 1985. Le monument de Samtoutefnakht à Naples. *Revue d'Égyptologie* 36, 89-113.

PERDU, O. 1998. Le "directeur des scribes du conseil". *Revue d'Égyptologie* 49, 175-194.

PERDU, O. 2004. Les métamorphoses d'Ândjety. *Bulletin de la Société Française d'Égyptologie* 159, 9-28.

PERDU, O. 2005. Un dieu venu de la campagne. *Revue d'Égyptologie* 56, 129-166.

PEREMANS, W. (éd.) 1980. *Studies on Ptolemaic Memphis.* Studia Hellenistica 24. Louvain.

PEREMANS, W. 1985. Notes sur les traductions de textes non littéraires sous les Lagides. *Chronique d'Égypte* 60, 248-262.

PESTMAN, W. 1967. *Chronologie égyptienne d'après les textes démotiques (332 av. J.-C. - 453 ap. J.-C.).* Papyrologica Lugduno-Batava 15. Leyde.

PESTMAN, W. 1995. Haronnophris et Chaonnophris, dans S. P. Vleeming (éd.), *Hundred-Gated Thebes. Acts of a Colloquium on Thebes and the Theban Area in the Graeco-Roman Period.* Papyrologica Lugduno-Batava 27. Leyde, 101-137.

PFEIFFER, S. 2004. *Das Dekret von Kanopos (238 v. Chr.) : Philologisch-historischer Kommentar eines dreisprachigen Synodaldekretes der ägyptischen Priester zu Ehren Ptolemaios' III. und seiner Familie.* Archiv für Papyrusforschung und verwandte Gebiete Beiheft 18. Munich, Leipzig.

PIEJKO, F. 1987. An Act of Amnesty and a Letter of Ptolemy VIII to his Troops on Cyprus. *Antiquité Classique* 56, 254-259.

POSENER, G. 1965. Philologie et archéologie égyptiennes. Annuaire du Collège de France, 339-346.

POSENER, G. 1966a. Philologie et archéologie égyptiennes. *Annuaire du Collège de France*, 339-346.

POSENER, G. 1966b. Une réinterprétation tardive du nom du dieu Khonsou. *Zeitschrift für ägyptische Sprache und Altertumskunde* 93, 115-119.

POSTEL, L., RÉGEN, I. 2005. Annales héliopolitaines et fragments de Sésostris Ier réemployés dans la porte de Bâb al-Tawfiq au Caire. *Bulletin de l'Institut français d'archéologie orientale* 105, 229-293.

QUACK, J.F. 1991. Zur Lesung des Wortes für "Beamtenschaft". *Enchoria* 18, 193-196.

QUAEGEBEUR, J. 1971. Documents concerning a Cult of Arsinoe Philadelphos at Memphis. *Journal of Near Eastern Studies* 30, 239-270.

QUAEGEBEUR, J. 1980/81. Sur la "loi sacrée" dans l'Égypte gréco-romaine. *Ancient Society* 11/12, 227-240.

QUAEGEBEUR, J. 1988. Cleopatra VII and the Cults of the Ptolemaic Queens, dans *Cleopatra's Egypt. Age of the Ptolemies*. Brooklyn Museum, Wiesbaden, 41-54.

QUAEGEBEUR, J. 1989. The Egyptian Clergy and the Cult of the Ptolemaic Dynasty. *Ancient Society* 20, 93-116.

QUAEGEBEUR, J. 1993. La Justice de la porte des temples et le toponyme Premit, dans C. Cannuyer, J.-M. Kruchten (éd.), *Individu, société et spiritualité dans l'Égypte pharaonique et copte. Mélanges égyptologiques offerts au Professeur Aristide Théodoridès*. Ath, Bruxelles, Mons, 201-220.

RAUE, D. 1999. *Heliopolis und das Haus des Re*. Abhandlungen des Deutschen Archäologischen Instituts Kairo 16. Berlin.

RAY, J.D. 1976. *The Archive of Hor*. Egypt Exploration Society. Texts from Excavations 2. Londres.

RAZANAJAO, V. 2000. *Recherches sur Tell el-Balamoun, capitale du XVIIe nome de Basse-Égypte*. Mémoire de DEA (inédit). Montpellier.

REYMOND, E.A.E. 1981. *From the Records of a Priestly Family from Memphis* 1. Ägyptologische Abhandlungen 38. Wiesbaden.

RIGSBY, K.J. 1996. *Asylia : territorial inviolability in the Hellenistic world*. Berkeley.

ROULLET, A. 1972. *The Egyptian and Egyptianizing Monuments of Imperial Rome*. Études préliminaires aux religions orientales dans l'Empire romain 20. Leyde.

SAVALLI-LESTRADE, I. 2003. L'élaboration de la décision royale dans l'Orient hellénistique, dans F. Prost (éd.), *L'Orient méditerranéen de la mort d'Alexandre aux campagnes de Pompée. Cités et royaumes à l'époque hellénistique. Colloque international de la SOPHAU, Rennes, avril, 2003*. Pallas 62. Toulouse, 17-39.

SCHOTT, S. 1990. *Bücher und Bibliotheken im Alten Ägypten*. Wiesbaden.

SIMPSON, R.S. 1996. *Demotic Grammar in the Ptolemaic Sacerdotal Decrees*. Oxford.

SIMPSON, W.K. (éd.) 2003. *The Literature of Ancient Egypt*. Le Caire.

THÉODORIDÈS, A. 1973. Les Égyptiens anciens, "citoyens", ou "sujets de Pharaon" ?, *Revue internationale des droits de l'antiquité* 20, 51-112 = J.M. Kruchten (éd.) 1995. *Vivre de Maât. Travaux sur le droit égyptien ancien*. Acta Orientalia Belgica 1. Bruxelles, Louvain-la-Neuve, Louvain, 69-132.

THIERS, C. 1995. Civils et militaires dans les temples. Occupation illicite et expulsion. *Bulletin de l'Institut Français d'archéologie orientale* 95, 493-516.

THIERS, C. 1997a. Un naos de Ptolémée II Philadelphe consacré à Sokar. *Bulletin de l'Institut français d'archéologie orientale* 97, 253-268.

THIERS, C. 1997b. *Le Pharaon lagide bâtisseur. Analyse historique de la construction des temples à l'époque ptolémaïque*. (thèse inédite). Montpellier.

THIERS, C. 2003. Une porte de Ptolémée Évergète II consacrée à Khonsou "qui fixe le sort". *Karnak* 11, 585-601.

THIERS, C. 2006. Égyptiens et Grecs au service des cultes indigènes. Un aspect de l'évergétisme en Égypte ptolémaïque, dans M. Molin (dir.), *Les régulations sociales dans l'Antiquité. Actes du colloque d'Angers 23 et 24 mai 2003*. Rennes, 275-301.

THIERS, C. 2007. *Ptolémée Philadelphe et les prêtres d'Atoum de Tjékou. Nouvelle édition commentée de la "stèle de Pithom" (CGC 22183)*. Orientalia Monspeliensia 17, Montpellier.

THIERS, C. 2010 (à paraître). L'an 44 d'Amasis sur la grande stèle ptolémaïque d'Héracléion, dans D. Devauchelle (éd.), *La XXVIe dynastie : continuités et ruptures. Actes des journées d'étude tenues à l'Université de Lille 26-27 novembre 2004*. Paris.

THOMPSON, D.J. 1988. *Memphis under the Ptolemies*. Princeton.

THOMPSON, D.J. 2001. Cleopatra VII : The Queen of Egypt, dans S. Walker, S.-A. Ashton (éd.), *Cleopatra Reassessed*. British Museum Occasional Paper 103. Londres, 31-34.

TIETZE, C., LANGE, E., HALLOF, K. 2005. Ein neues Exemplar des Kanopus-Dekrets aus Bubastis. Archiv für Papyrusforschung und verwandte Gebiete 51, 1-29.

TRAUNECKER, C. 1992. *Coptos. Hommes et Dieux sur le parvis de Geb*. Orientalia Lovaniensia Analecta 43. Louvain.

VAN DEN BOORN, G.F. 1985. *Wḏ*ʿ*-ryt* and the Justice at the Gate. *Journal of Near Eastern Studies* 44, 1-25.

VAN MINNEN, P. 2001. A Royal Ordinance of Cleopatra and Related Documents, dans S. Walker, S.-A. Ashton (éd.), *Cleopatra Reassessed*. British Museum Occasional Paper 103, Londres, 35-44.

VAN'T DACK, E., CLARYSSE W., COHEN G., QUAEGEBEUR J., WINNICKI, J.K. 1989. *The Judean-Syrian-Egyptian Conflict of 103-101 B.C. A Multilingual Dossier Concerning a "War of Sceptres"*. Collectanea Hellenistica 1. Bruxelles.

VERGOTE, J. 1954. *Les noms propres du P.Bruxelles inv. E. 7616. Essai d'interprétation*. Papyrologica Lugduno-Batava 7. Leyde.

VERHOOGT, A.M.F.W. 1998. *Menches, Komogrammateus of Kerkeosiris. The Doings and Dealings of a Village Scribe in the Ptolemaic Period (120-110 B.C.)*. Papyrologica Lugduno-Batava 29. Leyde.

VERNUS, P. 1978. *Athribis, textes et documents relatifs à la géographie, aux cultes et à l'histoire d'une ville du Delta égyptien à l'époque pharaonique*. Bibliothèque d'Étude 74, Le Caire.

VERNUS, P. 1980. Inscriptions de la Troisième période intermédiaire (IV). *Karnak* 6, 215-233.

VERNUS, P. 1991. Les "décrets" royaux (*wḏ-nsw*) : L'énoncé d'auctoritas comme genre, dans S. Schoske, (éd.), *Akten des Vierten internationalen Ägyptologen-Kongresses München 1985*. Studien zur altägyptischen Kultur 4. Hambourg, 239-246.

VERNUS, P. 1995. *Essai sur la conscience de l'Histoire dans l'Égypte pharaonique*. Bibliothèque de l'École des hautes études. Sciences historiques et philologiques 332, Paris.

VITTMANN, G. 2003. *Ägypten und die Fremden im ersten vorchristlichen Jahrtausend.* Kulturgeschichte der antiken Welt 97. Mayence.

VOLOKHINE, Y. 2005. Reliques et traces en Égypte ancienne. À propos de la présence sur terre d'écrits et d'objets d'origine divine, dans P. Borgeaud, Y. Volokhine (éd.), *Les objets de la mémoire. Pour une approche comparatiste des reliques et de leur culte.* Studia Religiosa Helvetica 2004/05. Berne, 47-72.

VON BERGMANN, E.R. 1884. *Der Sarkophag des Panehemisis* 2. Vienne.

VON RECKLINGHAUSEN, D. 2005. Ägyptische Quellen zum Judentum. *Zeitschrift für ägyptische Sprache und Altertumskunde* 132, 147-160.

VON WOESS, F. 1923. *Das Asylwesen Ägyptens in der Ptolemäerzeit und die spätere Entwicklung. Eine Einführung in das Rechtsleben Ägyptens besonders der Ptolemäerzeit.* Münchener Beiträge zur Papyrusforschung und antiken Rechtsgeschichte 5. Munich.

VYCICHL, W. 1984-1985. Le marché aux voleurs. Une institution égyptienne de l'époque ptolémaïque. L'organisation du système. *Bulletin de la Société d'Égyptologie, Genève* 9-10, 337-344.

WARD, W.A. 1982. Old Kingdom *sš ʿ n nsw n ḫft-ḥr*, "Personnal Scribe of Royal Records", and Middle Kingdom *sš ʿn n nsw n ḫft-ḥr*, "Scribe of the Royal Tablet of the Court". *Orientalia* 51, 382-389.

WINAND, J. 2003. Les décrets oraculaires pris en l'honneur d'Henouttaouy et de Maâtkarê (X[e] et VIIe pylônes). *Karnak* 11, 603-710.

YON, M. 1992. Héraclès à Chypre, dans C. Bonnet, C. Jourdain-Annequin (éd.), *Héraclès d'une rive à l'autre de la Méditerranée. Bilan et perspectives.* Bruxelles, 145-163.

YOYOTTE, J. 1954. Prêtres et sanctuaires du nome héliopolite à la Basse Époque. *Bulletin de l'Institut français d'archéologie orientale* 54, 83-115.

YOYOTTE, J. 1961. Les Principautés du Delta au temps de l'anarchie libyenne (Études d'histoire politique), dans *Mélanges Maspero* I, fasc. 4. Mémoires publiés par les membres de l'Institut français d'archéologie orientale 66. Le Caire, 121-179.

YOYOTTE, J. 1983-1984. L'Amon de Naukratis. *Revue d'Égyptologie* 34, 128-136.

YOYOTTE, J. 1989. Le nom égyptien du "ministre de l'économie". *Comptes rendus de l'Académie des Inscriptions et Belles-Lettres*, 73-90.

YOYOTTE, J. 1991-1992. Égyptologie. *Annuaire du Collège de France*, 625-644.

YOYOTTE, J. 1993-1994. Égyptologie. *Annuaire du Collège de France*, 667-698.

YOYOTTE, J. 1994-1995. Égyptologie. *Annuaire du Collège de France*, 647-683.

YOYOTTE, J. 1997. Les dieux dans l'Égypte romaine, dans *Égypte romaine : l'autre Égypte*, catalogue d'exposition. Marseille, 179-181.

YOYOTTE, J., CHARVET, P., GOMPERTZ, S. 1997. *Strabon. Le voyage en Egypte: un regard romain.* Paris.

YOYOTTE, J. 1998. Pharaonica, dans F. Goddio, A. Bernand, É. Bernand, I. Darwish, Z. Kiss, J. Yoyotte, *Alexandrie. Les quartiers royaux submergés*. Londres, 199-219.

YOYOTTE, J. 2001. Le second affichage du décret de l'an 2 de Nekhtnebef et la découverte de Thônis-Héracléion. *Égypte, Afrique & Orient* 24, 24-34.

YOYOTTE, J. 2003. Un nouveau souvenir de Sheshanq I et un muret héliopolitain de plus. *Revue d'Égyptologie* 54, 219-253.

YOYOTTE, J. 2004. Les trouvailles épigraphiques de l'Institut Européen d'Archéologie Sous-Marine dans la baie d'Abû Qîr. *Bulletin de la Société Française d'Égyptologie* 159, 29-40.

ZIVIE-COCHE, C. 1994. Fragments pour une théologie, dans C. Berger, G. Clerc, N. Grimal (éd.), *Hommages à J. Leclant* 4. Bibliothèque d'Étude 106/4. Le Caire, 417-427.

ZIVIE-COCHE, C. 1998. La statue d'Amenemhat, chef des chanteurs d'Amon d'Opé. Sân 89-118, OAE 1279, dans P. Brissaud, C. Zivie-Coche (éd.), Tanis. Travaux Récents 1. Paris, 455-492.

ZIVIE-COCHE, C. 2000. Les statues de Panemerit, prince de Tanis sous le règne de Ptolémée Aulète, dans P. Brissaud, C. Zivie-Coche (éd.), Tanis. Travaux Récents 2. Paris, 349-438.

ZIVIE-COCHE, C. 2004. *Statues et autobiographies de dignitaires. Tanis à l'époque ptolémaïque.* Tanis. Travaux Récents 3. Paris.

10. Planches

Planche I La stèle de Ptolémée Évergète II.
©Franck Goddio/Hilti Foundation, photo:Christoph Gerigk.

Planche II La stèle de Ptolémée Évergète II, quart supérieur gauche.
©Franck Goddio/Hilti Foundation, photo:Christoph Gerigk.

Planche III La stèle de Ptolémée Évergète II, quart supérieur droit.
©Franck Goddio/Hilti Foundation, photo:Christoph Gerigk.

Planche IV La stèle de Ptolémée Évergète II, quart inférieur gauche.
©Franck Goddio/Hilti Foundation, photo:Christoph Gerigk.

Planche V La stèle de Ptolémée Évergète II, quart inférieur droit.
©Franck Goddio/Hilti Foundation, photo:Christoph Gerigk.

Planche VI Moulage silicone du fragment inv. H-1101.
©Franck Goddio/Hilti Foundation, photo:Christoph Gerigk.

Planche VII Détail du moulage silicone du fragment inv. H-1101.
©Franck Goddio/Hilti Foundation, photo:Christoph Gerigk.

Planche VIII Détail du moulage silicone du fragment inv. H-1101.
©Franck Goddio/Hilti Foundation, photo:Christoph Gerigk.

The sunken portion of the ancient canopic region shown on a satellite picture of the west delta of the Nile.

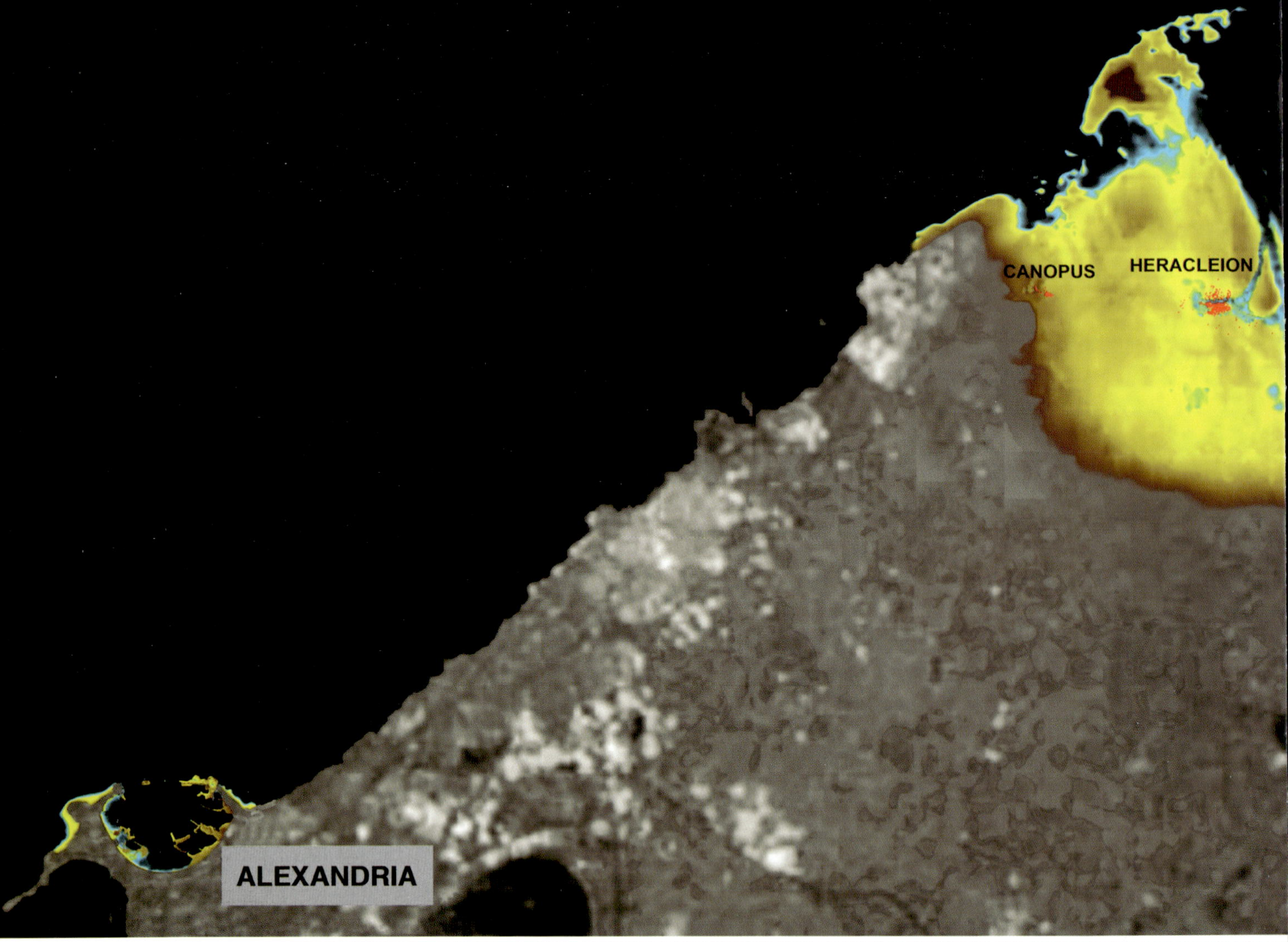